黄粉虫养殖关键技术与应用

主　编　郎跃深　郑方强

副主编　孟建华　高金成

编　委　李翠英　张桂云　曲德胜

　　　　王凤芝　唐志军

科学技术文献出版社

SCIENTIFIC AND TECHNICAL DOCUMENTATION PRESS

·北京·

图书在版编目（CIP）数据

黄粉虫养殖关键技术与应用 / 郎跃深，郑方强主编. —北京：科学技术文献出版社，2015. 5

ISBN 978-7-5023-9609-1

Ⅰ.①黄… Ⅱ.①郎… ②郑… Ⅲ.①黄粉虫—养殖 Ⅳ.① S899.9

中国版本图书馆 CIP 数据核字（2014）第 271336 号

黄粉虫养殖关键技术与应用

策划编辑：乔懿丹 责任编辑：周 玲 责任校对：赵 瑗 责任出版：张志平

出 版 者	科学技术文献出版社
地 址	北京市复兴路15号 邮编 100038
编 务 部	（010）58882938，58882087（传真）
发 行 部	（010）58882868，58882874（传真）
邮 购 部	（010）58882873
官 方 网 址	www.stdp.com.cn
发 行 者	科学技术文献出版社发行 全国各地新华书店经销
印 刷 者	北京时尚印佳彩色印刷有限公司
版 次	2015 年 5 月第 1 版 2015 年 5 月第 1 次印刷
开 本	850×1168 1/32
字 数	124千
印 张	6.5
书 号	ISBN 978-7-5023-9609-1
定 价	16.00元

版权所有 违法必究

购买本社图书，凡字迹不清、缺页、倒页、脱页者，本社发行部负责调换

前　言

在昆虫学科研、教学中，黄粉虫是生理生化、解剖学及生物、生态学、农药药效检测与毒性试验等方面的试验材料，更为普遍的是，黄粉虫作为观赏禽鸟、蝎、蛙类、蛤蚧、鳖、鱼类、壁虎和蛇等特种经济动物的活体动物蛋白饲料，成为开发较多的资源昆虫之一。随着社会的进步和人们认识的逐步提高，黄粉虫现已作为一种绿色昆虫食品走上了大众餐桌，如用黄粉虫制成的"昆虫蛹菜"，具有色泽金黄、又酥又脆、风味独特和口感好等特点，已在广州、深圳、上海等大城市形成消费热潮，在国外如东南亚和欧美一些国家也早已成为大众普通菜肴。中国加入世贸组织后，黄粉虫出口量迅猛增加，引起国内市场价格大幅度上涨。因此，可以说黄粉虫是继"家蚕"和"蜜蜂"之后的第三大昆虫产业，目前已经在农业有机废弃物资源转化利用、饲料、食品、保健品、化妆品、有机肥等领域得到开发并示范应用成功，为农业产业结构调整和增加农民收入开辟了新的领域，发展前景极为光明。

黄粉虫属于杂食性昆虫，农村中常见的麦麸、米糠、豆粕、农作物秸秆、菜叶、酒糟等，都可作为饲料。黄粉虫具有生长快、繁殖快、抗病力强以及生长周期短等特点。在养殖技术方面，投资小，即使资金紧缺的群体也可利用其进行最低资金投入来创业。

"黄粉虫工厂化生产技术的示范推广应用"是全国农牧渔业丰收计划的重点资助项目，已被列为国家重点发展工程和全国星火计划项目。

在本书的编写过程中，参考了一些相关资料，在此对相关作者致以感谢，在编写过程中的疏漏、错误之处，恳请广大读者批评指正。

编者

目　　录

目录

第1章
黄粉虫概述

　　黄粉虫属昆虫纲、鞘翅目、拟步甲科、粉甲属的一个物种，俗称面包虫，是人工养殖最理想的饲料昆虫。黄粉虫的幼虫除粗蛋白质、脂肪含量高外，还含有多种糖类、氨基酸、维生素、激素、酶及矿物质磷、铁、钾、钠、钙等，营养价值高，可直接作为饲养蛙、鳖、蝎子、蜈蚣、蚂蚁、优质鱼、观赏鸟、药用兽、珍贵皮毛动物和稀有畜禽等的活体动物蛋白饲料，而且经过加工可用于食品、保健品、化妆品等行业，因其蛋白营养成分高居各类活体动物蛋白饲料之首，被誉为"蛋白质饲料的宝库"。

进入 21 世纪，环境、资源、人口问题越来越突出。蛋白质的短缺，也是一个全球性的问题。我国畜牧业目前也处于一个适应社会需求、迅速发展的时期，对动物性蛋白饲料的需求量愈来愈大。传统的饲料蛋白来源主要是动物性肉骨粉、鱼粉和微生物单细胞蛋白，对于来自昆虫的蛋白质尚未得到广泛应用。肉骨粉在牲畜之间极易传带病原，如国际上影响巨大的"疯牛病"、"口蹄疫"即与肉骨粉污染有关。而国际上优质鱼粉的产量每年正以 10% 的幅度下降，同时单细胞蛋白提取成本过高。畜牧业持续、稳定、高效的发展，急需寻求新型、安全、成本低廉、易于生产的动物性饲料蛋白。因而，目前许多国家已将人工饲养昆虫作为解决蛋白质饲料来源的主攻方向。黄粉虫的开发即是突出代表之一，一方面可以直接为人类提供蛋白，另一方面可作为蛋白质饲料。

我国近年来对黄粉虫等昆虫蛋白质含量高，氨基酸富含全面，生物量大，再生性极强的资源研究方面取得了较大的成果。黄粉虫养殖生产投入少，成本低，见效快，技术简单易学，可家庭养殖，被昆虫专家称为是继"家蚕"和"蜜蜂"之后的第三大昆虫产业。

一、黄粉虫营养与利用价值

黄粉虫是一种高蛋白、高钙、高营养的多用途昆虫，因其不善飞翔，食性杂，易繁殖，易饲养，人工养殖规模也越来越大。

1. 黄粉虫的营养成分

黄粉虫的幼虫、蛹、成虫都含有较高的蛋白质、脂肪、碳水化合物、无机盐、维生素等营养物质。鲜黄粉虫的蛋白质含量高于鸡蛋、牛奶、柞蚕蛹及猪、牛、羊肉，与鱼类蛋白质含量相差无几。黄粉虫干粉的蛋白质含量在48％～54％，是优良的动物蛋白，其营养价值很高，又易于被人体消化吸收，是理想的高蛋白营养强化剂。黄粉虫的脂肪含量低于猪肉、鸡蛋，高于牛、羊肉和鱼，略高于柞蚕蛹和牛奶。为开辟新的食品资源，故把黄粉虫的主要营养成分与几种普通动物性食品的营养成分进行分析比较，内容见表1-1。

黄粉虫蛋白中必需氨基酸的含量与氨基酸总含量的比值为44.75％，超过了FAO/WHO推荐的40％的标准，内容见表1-2。

表 1-1　黄粉虫与其他食品中营养成分比较（%）

名称	水分		蛋白质		脂肪		碳水化合物		其他	
	含量	比率	含量	比率	含量	比率	含量	比率	含量	比率
黄粉虫（鲜）	62.5	100	16.8	100	8.6	100	10.0	100	2.0	100
柞蚕蛹	75.1	120	12.9	76.8	7.8	90.7	1.9	19	2.2	110
鸡蛋	74.2	118	12.6	77	11.0	128	1.0	10	1.2	60
牛奶	88.3	141	3.1	19	7.5	87	0.4	4	0.7	35
猪肉	54.3	86	15.1	93	30.5	355	0		0.1	5
牛肉	78.0	125	15.7	97	2.4	28	2.7	27	1.2	60
羊肉	78.8	126	15.5	96	4.0	47	0.9	9	0.8	40
鲤鱼	76.2	122	16.9	104	5.7	66	0		1.2	60

表 1-2　黄粉虫与其他食品中必需氨基酸含量比较（%）

名　称	黄粉虫	鸡蛋	猪肉	牛肉	羊肉	鲤鱼	牛奶	蚕蛹	大豆	花生
异亮氨酸	69.2	52.4	46.9	47.5	39.5	44.4	47.6	43.0	45.2	50.1
亮氨酸	82.0	84.1	80.3	82.3	78.0	73.3	95.2	70.6	75.5	105.0
赖氨酸	51.3	64.9	88.5	82.4	78.5	76.3	78.4	76.4	57.3	81.7
蛋氨酸＋胱氨酸	19.9	62.7	33.9	41.5	38.7	32.5	33.6	39.8	23.1	44.6

续表

名　　称	黄粉虫	鸡蛋	猪肉	牛肉	羊肉	鲤鱼	牛奶	蚕蛹	大豆	花生
苯丙氨酸＋酪氨酸	117.5	95.5	81.2	95.3	74.1	81.4	102.2	119.6	96.1	51.3
苏氨酸	37.2	53.9	45.5	46.3	50.5	43.1	43.4	45.5	40.4	48.9
色氨酸	9.7	16.2	12.1	12.1	10.9	11.6	14.6	9.1	12.1	14.6
缬氨酸	60.7	57.6	52.8	47.8	51.7	48.2	84.0	56.9	45.6	74.0
合计	447.5	487.7	441.2	455.2	421.9	453.7	495.0	460.9	395.3	470.2
占氨基酸总量（%）	44.75	48.77	44.12	45.52	42.19	45.37	49.50	46.09	39.53	47.02

　　黄粉虫的脂肪中不饱和脂肪酸所占比例较大，其不饱和脂肪酸与饱和脂肪酸比值（P/S）明显高于表1-3中所列的其他食物。特别是人体不能合成，必须由食物供给的必需脂肪酸亚油酸含量高达24.1%，大大高于表1-3中其他几种食品含量。

表1-3　黄粉虫与其他食品含量微量元素比较（%）

名　　称	钾	钠	钙	镁	铁	锰	锌	铜	磷
黄粉虫幼虫	1370	65.6	138	194	6.5	1.3	12.2	2.5	683
黄粉虫蛹	1420	63.2	125	185	6.4	1.5	11.9	4.3	691
鸡蛋	129	132	39	9	1.8	0.01	0.93	0.05	111
猪肉	238	61.5	6	14	1.4	0.01	2.9	0.13	138
牛肉	210	48.6	6	13	2.2	0.06	1.77	0.10	159

名　称	钾	钠	钙	镁	铁	锰	锌	铜	磷
羊肉	147	90.6	11	17	1.7	0.08	2.21	0.11	145
鲤鱼	798	61.1	31	15	1.2	0.02	3.58	0.06	114
牛奶	120	45.8	114	19	0.1	0.01	0.38	0.16	87
大豆	1469	1.1	189	283	7.2	2.41	4.1	1.02	478
花生	528	1.6	13	120	1.4	0.66	2.49	0.60	114
蚕蛹	272	140.2	81	103	2.6	0.64	6.17	0.53	207

　　黄粉虫的微量元素含量十分丰富，见表 1-4。黄粉虫的维生素 B_1、维生素 B_2、维生素 E、维生素 D 的含量也比较高。其中维生素 B 含量高于牛、羊肉、鲤鱼、牛奶，维生素 B_2 明显高于其他几种食品，维生素 D 含量高于猪、牛、羊肉，维生素 E 的含量是猪肉的 4.4 倍，牛肉的 3.2 倍，羊肉的 5.1 倍，牛奶的 10.6 倍，略高于鲤鱼的含量，仅低于鸡蛋的含量。

表 1-4　黄粉虫与其他维生素含量比较

名称	维生素含量（毫克/100 克）				
	维生素 B_1	维生素 B_2	维生素 A（微克）	维生素 E	维生素 D（微克）
黄粉虫	0.065	0.52	1.90	1.90	10.45
鸡蛋	0.2	0.26	188	4.06	188
猪肉	0.23	0.14	13	0.43	5
牛肉	0.02	0.18	3	0.60	3

续表

名称	维生素含量（毫克/100 克）				
	维生素 B₁	维生素 B₂	维生素 A（微克）	维生素 E	维生素 D（微克）
羊肉	0.06	0.22	8	0.37	8
鲤鱼	0.03	0.06		1.52	
牛奶	0.02	0.14	24	0.18	24

2. 黄粉虫的食用价值

（1）蛋白质：通过把黄粉虫与几种普通动物性食品的营养成分进行分析比较，可以看出黄粉虫蛋白质含量高，必需氨基酸种类齐全、组成合理，还含有丰富的微量元素和维生素。以黄粉虫为原料，不但可烹制美味菜肴，还可提取其中的营养物质生产多种营养食品、保健品及滋补饮料。因此，黄粉虫是一种高级营养品，具有很高的食用价值，见表1-5。

表1-5 每 100 克黄粉虫的主要营养成分含量

类别	水分（克）	脂肪（克）	蛋白质（克）	碳水化合物（克）	硫胺素（毫克）	核黄素（毫克）	维生素 E（毫克）
黄粉虫幼虫	3.7	28.8	48.9	10.7	0.065	0.52	0.44
黄粉虫蛹	3.4	40.5	38.4	9.6	0.06	0.58	0.49

（2）氨基酸：昆虫体含蛋白较高，从黄粉虫和蚕蛹的必需氨基酸含量来看，除蛋氨酸含量稍欠外，其余氨基酸比值与 FAO/WHO 估计的人体所需模式比值接近，见表1-6。这也是食用昆虫具开发前途的必需条件。

表1-6　昆虫必需氨基酸比值与人体需要比值之比较

区分	色氨酸	苏氨酸	蛋氨酸＋胱氨酸	异亮氨酸	苯丙氨酸＋酪氨酸	赖氨酸	缬氨酸	亮氨酸
黄粉虫Ⅲ	1.0	4.94	2.00	3.72	9.56	6.89	9.19	6.92
黄粉虫蛹	1.0	5.01	2.62	5.85	9.07	6.27	9.06	9.17
蚕蛹	1.0	5.00	3.38	7.47	6.90	7.25	6.17	7.04
婴幼儿所需比值	1.0	5.10	3.40	9.50	4.10	7.40	6.00	5.50
成年人所需比值	1.0	2.00	3.70	4.00	2.90	4.00	3.40	2.90

表1-7　几种昆虫粉中氨基酸的含量（克/千克）

氨基酸	脱脂黄粉虫老熟幼虫	未脱脂黄粉虫Ⅲ	未脱脂黄粉虫蛹	柞蚕蛹	蜂蛹	蚂蚁
天门冬氨酸	65.5	35.37	33.28	45.50	21.48	43.10
苏氨酸	28.5	17.70	17.78	23.51	9.03	21.01
丝氨酸	31.4	19.80	19.90	23.00	9.47	22.11

续表

氨基酸	脱脂黄粉虫老熟幼虫	未脱脂黄粉虫Ⅲ	未脱脂黄粉虫蛹	柞蚕蛹	蜂蛹	蚂蚁
谷氨酸	109.4	57.44	57.86	51.00	31.01	62.49
脯氨酸	36.4	32.59	31.28	28.99	11.07	32.91
甘氨酸	35.7	23.36	23.78	19.10	11.91	63.08
丙氨酸	45.8	30.02	33.17	29.01	16.47	16.91
胱氨酸	4.9	3.51	1.96	5.90	8.08	3.04
缬氨酸	42.8	32.90	32.18	29.10	12.10	38.70
蛋氨酸	18.3	3.61	7.35	10.00	4.51	6.75
异亮氨酸	31.4	13.32	20.79	35.10	15.10	32.50
亮氨酸	57.3	24.76	32.53	33.13	18.03	38.54
酪氨酸	59.8	26.42	24.77	35.09	80.00	32.58
苯丙氨酸	30.8	7.82	7.44	27.48	9.51	22.51
赖氨酸	36.1	24.66	22.27	34.07	14.50	24.14
组氨酸	22.7	13.60	13.19	17.45	5.50	13.56
精氨酸	35.5	23.92	22.18	25.02	11.00	21.13
色氨酸	—	3.58	3.55	4.70	—	—

　　(3) 脂肪酸：大多数昆虫脂肪含量都很高，特别是黄粉虫蛹的脂肪含量最高。从黄粉虫脂肪酸的分析（表1-8）可以看出，黄粉虫脂肪中的不饱和脂肪酸含量较高，主要是人体必需的亚油酸和饱和脂肪酸（主要是软脂酸（C16：0）），而增高血胆固醇作用明显的肉豆蔻酸（C14：0）含量

较低。不饱和脂肪酸（P）占 24.86％，饱和脂肪酸（S）占 27.67％，P/S 值为 0.9。从预防心血管病考虑，人膳食中的 P/S 值应为 1.0，与黄粉虫脂肪这一比值十分接近。通常猪肉脂肪中 P/S 值为 0.2，鸡蛋脂肪 P/S 为 0.37，所以黄粉虫脂肪是较理想的食用脂肪。

表 1-8 黄粉虫脂肪中的脂肪酸种类（％）

脂肪酸种类	C14：0	C16：0	C16：1	C18：0	C18：1	C18：2	C18：3
含量	6.52	18.92	0.99	2.43	46.28	23.10	1.76

注：不饱和脂肪酸与饱和脂肪酸比值为 0.9。

3. 饲料价值

黄粉虫俗称面包虫，为多汁软体动物，脂肪含量高，蛋白质含量达 50％。此外，还含有磷、钾、铁、钠、铝等多种微量元素以及动物生长必需的 16 种氨基酸，每 100 克干品，含氨基酸高达 874.9 毫克，其各种营养成分居各类饲料之首。据测定，1 千克黄粉虫的营养价值相当于 25 千克麦麸、20 千克混合饲料和 1000 千克青饲料的营养价值，被誉为"蛋白质饲料宝库"。

黄粉虫作为饲料在历史上是十分成功的，特别是近几十年来，人们将黄粉虫作为珍禽、蝎子、蜈蚣、蛤蚧、蛇、鳖、牛蛙、热带鱼和金鱼的饲料，以黄粉虫为饲料养殖的动物，不仅生长快、成活率高，而且抗病力强，繁殖力也有很大提高。

（1）黄粉虫与部分昆虫营养素的比较：黄粉虫与其他

各种昆虫的虫体蛋白含量与脂肪含量均有一定的变化规律。从表 1-9 可以看出，大多数昆虫蛹脂肪含量均较高，黄粉虫幼虫蛋白含量高出蛹 20%。选择不同虫态及不同季节的黄粉虫进行测试，发现生长期的黄粉虫（干品）蛋白含量可达 50% 以上，而越冬的黄粉虫（干品）蛋白含量在 40%以下。与此相反越冬态黄粉虫脂肪含量在 40% 以上，生长季节的幼虫脂肪含量在 28% 左右。这也基本符合昆虫生理变化规律。昆虫体含维生素 E 和维生素 B_2 也较高。

（2）无机盐含量：黄粉虫及各种昆虫无机盐含量均较大。特别是黄粉虫，各种微量元素含量可因其饲料的产地不同而变化。因此，虫体无机盐含量可由其饲料中无机盐的含量所决定。如在饲料中加入适量亚硒酸钠，可经虫体吸收并转化为生物态硒，因而可定量生产富硒食品。从表 1-10 还可看出昆虫所含锌、铜、铁等有益元素比常规食品都高。

黄粉虫作饲料，其蛋白质含量高，氨基酸比例合理，其脂肪酸质量和微量元素含量均优于鱼粉。黄粉虫幼虫适宜活体直接饲喂，不需经过加工处理，因而不会破坏虫体的活性物质。鲜活虫饲料对动物生长的促进作用是其他饲料所不能比的。黄粉虫干粉加入复合饲料中替代鱼粉，可获得比鱼粉更好的效果。目前养殖业在黄粉虫的应用中取得的良好效果也说明了这一点。

综上所述，黄粉虫营养丰富，蛋白质质量优良，必需氨基酸比值接近人体必需氨基酸比值，尤其与婴幼儿所需的比值相近，是比较难得的食品原料。黄粉虫脂肪优于畜禽

表 1-9 昆虫干粉中部分营养素含量

类　别	水分（克/千克）	脂肪（克/千克）	蛋白质（克/千克）	碳水化合物（克/千克）	硫胺素（克/千克）	核黄素（克/千克）	维生素E（克/千克）
黄粉虫Ⅲ	37	288.0	489	107	0.65	5.2	4.4
黄粉虫蛹	34	405.0	384	96	0.06	5.8	4.9
柞蚕蛹	45	280.0	570	85	0.50	62.0	35.0
蚕蛹	40	71.9	714	109	—	—	—
蝗虫	31	76.5	705	128	—	—	—
蜂蛹	38	264.0	353	—	—	—	—
蚂蚁	41	192.0	695	—	—	—	—

表 1-10 昆虫粉中无机盐的含量比较

虫名	钾（克/千克）	钠（克/千克）	钙（克/千克）	镁（克/千克）	铁（克/千克）	锌（克/千克）	铜（克/千克）	锰（克/千克）	磷（克/千克）	硒（克/千克）
黄粉虫Ⅲ	13.70	0.656	1.38	1.940	65	0.122	25	13	6.83	0.462
黄粉虫蛹	14.20	0.632	1.25	1.850	64	0.119	43	15	6.91	0.475
蜂蛹	—	8.600	4.80	0.016	191	0.064	21	350	1.95	0.175
蝉	3.00	—	0.17	—	—	0.082	—	—	5.80	—

注：以色氨酸含量为"1"计算各氨基酸比值。

类脂肪，特别是含有丰富的维生素 E 和核黄素更为难得。黄粉虫还可作为微量元素转化的"载体"，在黄粉虫的饲料中加入含人体所需微量元素的无机盐，饲喂后可在黄粉虫体内转化为生物态微量元素，使黄粉虫成为具有保健功能的食品原料。以黄粉虫为原料制成的食品，可以补充人体所需的锌、硒等元素。黄粉虫制作的食品，是一类优质营养品，当今天然食品中很少具有如此多样营养优势的食品。

二、市场前景

我国是饲养大国，也是饲料消耗和生产大国，饲料添加剂需求量巨大。据饲料协会提供的资料表明，蛋白饲料添加剂全国每年需求量为 2000 万吨，目前仅能满足需求量的 40%，可见黄粉虫养殖项目市场前景较好。

1. 养殖前景

（1）符合国家产业政策："黄粉虫工厂化生产技术的示范推广应用"是国家农业部农牧渔业丰收计划专项资助项目之一，符合国家大力扶植的产业政策。黄粉虫规模生产及产业化项目属新型高技术和秸秆综合利用环保产品，属于国家制定的高技术产业发展计划和产业政策，被列为重点支持开发、技术改造、基本建设和生产的产业、产品，是开辟利用和转化以农作物秸秆为主的农业有机废弃物资源的一种新途径。

（2）开辟了利用和转化以农作物秸秆为主的农业有机废弃物资源的新途径：我国是农业大国，每年生产各种农作物秸秆、秧蔓 5 亿～6 亿吨，用作大牲畜饲养消耗不足20%，用作烧柴的不足 10%，其余均被当场焚烧或长期堆积自然腐烂，既造成资源浪费，又阻碍交通，阻挡河道，污染环境。利用和转化这些有机废弃物，并使之产生一定的经济效益，是各级政府的工作重点之一，也是广大农民的热切盼望。黄粉虫是可将秸秆等工农业有机废弃物（腐屑）充分转化为人类可利用的物质，解决了大量秸秆等腐屑资源浪费与污染环境的问题，建立起新的不同于传统生物食物链的腐屑生态系统，开辟了人类获取蛋白质的一个全新途径。

（3）大面积推广，可形成新型产业，增加就业门路：黄粉虫适应性强，养殖技术容易掌握，工厂化养殖和分散饲养均可，适于分散饲养，集中加工。特别适于采取公司＋基地＋农户的模式经营。以户养为例，每生产 5 吨成虫可增加 3 个就业岗位，形成产业后可有效缓解农村和城镇就业压力。本项目不但具有显著的经济效益，还具有显著的社会效益。

（4）黄粉虫饲料不消耗粮食，并可将大畜禽不能转化的饲料转化为优质蛋白饲料：人们以饲养黄粉虫这种小家畜为跳板，进而可以饲养各种畜禽和多种经济动物。通过黄粉虫这个中间环节，解决了长期不能解决的"人畜分粮"的问题。将传统的单项单环式农业生产模式转化为多项多环式农业生产模式，使农业生产自身形成产业链条，为农业产业化开辟了一条新路子。

2. 黄粉虫产品加工应用前景

黄粉虫适应性强，不善飞翔，食性杂，以麦麸、玉米面、农作物秸秆、青菜、秧蔓等为食，每 5～7 天投喂一次，生产周期 50～65 天，具有经济效益高，饲料来源广，饲养设施简单，易管理，工厂化养殖和分散饲养均可的特点。

随着我国经济的迅猛发展，人民生活水平的不断提高，对动物蛋白质的需求量也越来越大，但由于蛋白质饲料资源相当缺乏影响了畜牧业的发展。黄粉虫不仅可作为活体饲养蛤蚧、龟类、观赏鱼类、鸟类、林蛙等一些经济价值较高的特种经济物种，也可作为一般畜禽的饲料添加剂。用黄粉虫饲养的动物营养价值高出其他动物 3～4 倍，且生长快。

黄粉虫深加工产品应用领域广阔，是替代鱼粉的优质蛋白饲料，其营养成分与进口优质鱼粉相媲美，而生产成本远远低于鱼粉；黄粉虫油是优质的食用油、保健品添加用油、化妆品添加剂和变压器用油。

黄粉虫不仅蛋白质含量丰富，所含氨基酸种类齐全，组成合理。黄粉虫独特的多种营养，具有易于消化和吸收，可提高人体免疫力、抗疲劳、降低血脂、抗癌，促进新陈代谢等功效。以黄粉虫鲜虫体或脱脂蛋白为原料开发的食品、饮料、调味品不断涌现，如黄粉虫复合氨基酸营养液、蛋白氨基酸营养保健补充剂、高蛋白氨基酸营养素调味料、高蛋白氨基酸营养素食品补充剂等。

昆虫蛹菜以虫蛹为主要原料作为菜肴，是一种营养丰富、洁净无污染的绿色无害食品，含高蛋白，低脂肪，还含有人体不可缺少的多种维生素，在合理膳食、均衡营养的原则下，绿色昆虫蛹菜现成为一种时尚，备受人们青睐，是优良的蛋白食品。黄粉虫口感好，风味独特，可以烧烤、煎炸，加成工具有果仁风味的蛋白饮品、精制蛋白粉、酒饮品等多种形式的食品。全国各地的水产市场也已经有了专门的昆虫蛹菜消费市场。有关专家预测，昆虫蛹做食品规模化的生产，是继蔬菜、禽蛋等之后的一项新兴产业。

据有关专家研究表明，昆虫蛹不仅含有大量对人体有特殊作用的几丁质、抗菌肽防御素和外源性凝集素，还富含人体必需的九种氨基酸和蛋白质、游离氨基酸、维生素、矿物质元素、不饱和脂肪酸等多种营养成分，且与人体的正常比例一致，很容易被吸收和利用，昆虫食品将是 21 世纪人类的全营养食品，有着十分巨大的发展空间。

黄粉虫虫蜕是生产甲壳素的优质原料，其钙质含量远远低于虾、蟹壳，加工难度大大降低。而甲壳素在机能食品、医药用品、保健品和环保材料、纺织、降解膜生产等领域有着广阔的应用前景。

黄粉虫粪又是良好的有机肥料，亦可作为粗饲料喂养畜禽。黄粉虫粪便极为干燥，几乎不含水分，没有任何异味，是世界上唯一的像细沙一样的粪便，所以又称为沙粪（也叫粪沙），极便于运输。经化验分析含氮 25%，磷 1.04%，钾 1.4%，并含锌、硼、锰、镁、铜七种微量元素，可直接作为肥料施用。施用后不仅能增肥地力，增加农作物产量，提高农产品品质，还能降低农业生产成本，改善土壤结构，改善农业生态环境，促进种植业的可持续发展。目前市场上真正的高效生物有机肥产品供应量不大，而且存在不稳定的问题，不能满足高效农业生产的需求，因此，以虫粪为主要原料生产的高效生物有机肥，具有良好的市场前景。

三、国内外的研究及利用概况

黄粉虫是一种重要的饲用、食用、食品蛋白资源，历经多年饲养，人工规模养殖已经积累了丰富的繁育和利用经验。尤其是在"黄粉虫工厂化生产技术的示范推广应用"项目列入国家2001—2003年农业部农牧渔业丰收计划专项资助项目以来，社会认知度大大提高，在各个领域得到快速应用，现已形成一股黄粉虫饲养热。但是，也要清醒地认识到，任何一项产业的发展都会经历一个不断调整的过程，甚至会遇到各种各样的困难。

1. 国外开发利用情况

国外有许多国家在开发利用黄粉虫，有的还设立了专门机构，进行深入的研究。最早进行研究的有法国、德国、俄罗斯和日本。从人工饲料的研究、人工养殖技术的改进到产品的食用、药用及保健功能的探索等，做了许多工作，这些方面已有较多的报道。近年来，有人发现黄粉虫蛋白质不仅是优质食用蛋白质及医用蛋白质，而且在一些液体产品中加入黄粉虫蛋白质可以防冻、抗结冰，可作为寒冷地区饮料、药品、车用水箱及工业用防冻液和抗结冰剂。有的国家以黄粉虫为原料，提取生化活性物质，作为特殊药品，如干扰素等。有一些国家以黄粉虫为原料制作药品和保健品，在市场上销售，如以几丁质产品为原料的果蔬增产催熟剂、美容化妆品等。

2. 国内开发利用黄粉虫的情况

国内对黄粉虫资源化利用的探索经历了小规模散养和工厂化生产、加工、利用几个阶段，目前正向深加工、广应用阶段发展。20世纪50年代，黄粉虫主要用作药用动物、珍禽的活体饲料及科研教学；70年代后逐渐得到较大规模的发展，80年代以来，随着特种经济动物养殖业的发展，黄粉虫作为活体饲料，进一步得到社会的重视，但规模小、分布狭窄、产量低、利用率不高。近年来，黄粉虫的产业化开发利用发展很快，各地学者对黄粉虫食用的研究较多，餐饮系统、宾馆、饭店也逐渐将黄粉虫搬上了餐桌，并逐渐被消费者所接受。

有的学者在研究利用黄粉虫的产业化研究中，对黄粉虫蛋白、甲壳素、壳聚糖在医药、保健品、食品、化妆品、纺织品或农林果蔬增产剂等制造业中具有的诸多用途进行了研究，已取得了可喜的成果。

四、人工养殖目前存在的问题

1. 盲目炒种

黄粉虫养殖，选择良种是基础。在选优良品种时，最好选用科研单位、教学单位和经过国家验收认定的育种场的品种，要防止贪图便宜引进假种。同时还应指出，一个品种的培育成功需要若干年甚至数十年的科学繁育才能完成，其中对技术的要求也是较高的。因此，养殖户在引种前应多考察，到有信誉的单位引种。在黄粉虫养殖中，有些人急于求成，一旦发现或者在当地饲养成功后，就盲目地、大肆做宣传，登广告卖种。如果是种源纯正且相关的技术、服务能跟得上，则无可厚非。但是，在生产中某些人为了追求短期的经济效益，经常是盲目地炒种，种源质量又没有保证，配套的服务也跟不上，最终结果是坑了别人，也害了自己。

2. 技术落后

黄粉虫养殖的发展历史还不是很长，而且随着养殖的发展，疾病等问题也日渐增多，而专业的研究机构和人员又严重缺乏，导致生产中很多技术问题没有办法解决。所以在人工饲养方面要深入研究黄粉虫的生物学特性，进一步完善饲养技术和改进饲养设备，将良种、饲料、设备、

环境条件、卫生等环节有机地配合起来，提高工厂化规模
生产的程度。

3. 市场问题

生产、加工、销售相脱节，产业化经营基础未形成；
深加工投入不足；拓展内销市场力度不够，抗风险能力差；
产品在国际市场竞争力弱。因此，在养殖前，应多阅读关
于其养殖方面的科技报刊，多参加养殖经验交流会、博览
会，多与专家、教授联系咨询，或上网查询有关信息。在
充分论证的基础上再决定养殖项目，确保养殖成功。

第2章 黄粉虫的生态学特性

黄粉虫的生物学特性包括黄粉虫从生殖、生长发育到成虫的生命活动或个体发育史。此外，还涉及其在一年中的发生经过和行为习性，即年生活史。

黄粉虫的生态学特性包括对各种影响黄粉虫生命活动的因素及其相互之间关系的认识。构成黄粉虫生存环境条件总体的各种生态环境因素，按其性质可以分为两大类，一类是非生物因素，即温度、湿度、光照等气候因素；另一类是生物因素，主要包括食物（饲料）和天敌及自身密度等。其中起主要作用的是温度、饲料和生存密度。

一、外部形态

黄粉虫生长过程分成虫、卵、幼虫、蛹四个虫态期。

1. 成虫

成虫长椭圆形（图 2-1 右图），头密布刻点，刚羽化的成虫第一对翅柔软，为白色，第二天微黄色（图 2-1 左图），第三天深黄褐色，第四天变黑色，坚硬成为鞘翅，体长 7～19 毫米，宽 3～6 毫米，体重 0.1～0.2 克。体分头、胸、腹三部，共 13 节。头部 1 节，有触角（共 11 节）1 对，端部 2～3 节膨大，着生于头的侧下方。头小，部分嵌

图 2-1

入前胸，有 1 对黑色额，具咀嚼式口器。前胸背板呈弧形与侧腹线间无明显分界线，多愈合。前胸侧腹缝显著。腹部共 8 节，可见腹节 5 节。脚部 3 节。尾部 1 节，雄虫有交接器隐于其中，而雌虫有产卵器隐于其中。

2. 卵

卵较小（见图 2-2），长径 0.7～1.2 毫米，短径 0.3～0.8 毫米，长椭圆形，乳白色，卵外表为卵壳，卵壳较脆软，易破裂，外被有黏液，被杂物覆盖起到保护作用。内层为卵黄膜，里面充满乳白色的卵内物质。

图 2-2

3. 幼虫

刚孵出的幼虫白色，体长约 2 毫米，以后蜕皮 9～12 次，体色渐变黄褐色，唇基明显，即上唇与额间有明显缝线。老熟幼虫（见图 2-3）长 22～32 毫米，最宽处 3～3.5

图 2-3

毫米，重 0.13~0.26 克，节间和腹面为黄白色。头壳较硬为深褐色，各转节腹面近端部有 2 根粗刺。

4. 蛹

刚由老熟幼虫变成的蛹乳白色（见图 2-4），体表柔软，之后体色变灰色，体表变硬，为典型的裸蛹，无毛，有光

图 2-4

泽，鞘翅伸达第三腹节，腹部向腹面弯曲明显。透明部背面两侧各有一较硬的侧刺突，腹部末端有 1 对较尖的弯刺，呈八字形，腹部末节腹面有 1 对不分节的乳状突，雌蛹乳状突大而明显，端部扁平，向两边弯曲，雄蛹乳状突较小，端部呈圆形，不弯曲，基部合并。蛹长 15～20 毫米，宽约 3 毫米，重 0.12～0.24 克。

二、内部结构

黄粉虫的内部生理系统包括消化系统、生殖系统、神经系统、呼吸系统、循环系统、体壁系统、内分泌系统等，其中与养殖生产直接相关的为消化系统和生殖系统。

1. 消化系统

黄粉虫幼虫和成虫的消化道结构不同。幼虫的消化道平直且较长，幼虫的马氏管一般为 6 条，直肠较粗，且壁厚质硬。成虫的消化道较短细，中胸部分较发达，质地较硬，肠管不及幼虫发达。因此，在饲料配方及加工粒度方面，应该将成虫饲料的营养成分提高一些，加工更精细一些。在饲料添加时要遵循"少量多次、剩也不多、欠也不多"的原则。

2. 生殖系统

生殖系统位于腹腔内，结构比较复杂，其主要功能是产生生殖细胞。生殖系统分为内外两部分，即外生殖器和内部生殖系统，前者主要由腹部末端的几个体节和附肢组成，内生殖系统主要包括生殖腺和附属腺。

（1）雄虫生殖系统：雄虫管状附腺与豆状附腺发达，可见睾丸内有许多精珠。雄虫羽化 5 天后睾丸和附腺已十分发达、清晰。交配时雄性管状附腺不断伸缩，向射精管输送液体。每个雄虫有 10～30 个精珠，每只雄虫一生可交配多次。

（2）雌性生殖系统：雌性生殖系统由输卵管、侧输卵管和附腺组成。刚羽化的雌成虫卵巢整体纤细，卵粒小而均匀，卵子不成熟。受精囊腺体展开而不收缩，说明卵巢是在羽化后逐渐发育成熟的。

羽化后 5 天的黄粉虫，卵巢发生很大变化，长大的卵进入两个侧输卵管，但卵仍不十分成熟，受精囊及其附腺较前期发达，更加粗壮一些，特别是受精囊附腺开始具有收缩功能。

羽化后 15 天的黄粉虫，达到产卵盛期，大量的成熟卵积存于两侧输卵管内，使两侧输卵管变为圆形，卵巢端部小卵不断分裂发育成新卵，如果此时营养充足，端部会出现端丝。端丝的出现可以增加更多的卵。黄粉虫排卵 28 天后，卵巢逐渐退化，如果此时再补充优良饲料，可促进雌性腺发育。

黄粉虫每次交配时，雄虫输给雌虫 1 颗精珠，每颗精珠内贮有近百个精子。雌虫将精珠存入贮精囊中，每当卵子通过时，贮精囊即排出数个精子，精子与卵子结合后形成受精卵后排出体外。雌虫卵巢中也不断产生新的卵子，不断排出卵子。当雌虫体内精珠内的精子排完后又重新与雄虫交配，及时补充新的精珠。所以，雄虫比例小，也会影响繁殖率。黄粉虫的自然雌雄比例一般为 1∶1。如果生存环境好，雌性数量会增加，雌雄比可达（3.5～5）∶1；如果生存环境不好，缺少饲料，雄性黄粉虫的数量会超过雌性，而且成活率也较低。

三、生态习性

1. 成虫

黄粉虫成虫食性杂，后翅退化，不能飞行，爬行速度快；喜黑暗，怕光，夜间活动较多。在一定条件下，成虫有自相残杀习性，但比幼虫要轻得多。

初羽化的成虫为乳白色，2 天后逐渐变为坚硬的黄褐、红褐色，4～5 天后变为黑色，开始交配产卵。成虫的寿命在 50～160 天，一般寿命为 60～90 天。成虫一生中多次交配，多交产卵，每次产卵 5～15 粒，最多 30 粒，每只雌虫一生可产卵 350 粒左右。雌虫产卵高峰为羽化后的 10～30 天，若加强管理可延长产卵期和增加产卵量。

2. 卵

黄粉虫卵常产于饲料或粉状物中，产卵时有大量黏液包裹于卵壳外黏附食物碎屑及粪便,可以起到保护卵的作用,同时可以保证幼虫孵化后及时直接食用饲料和卵壳。卵的孵化时间随温度高低有很大差异,温度在10℃以下时,卵很少孵化;在15~20℃时,需20~25天孵化;当温度在20~25℃时,卵期12~20天;当温度为25~30℃时,卵期为5~8天。

3. 幼虫

幼虫同幼蝎一样,有蜕皮特性。其生长发育是经蜕皮进行的,约1个星期蜕1次皮。在温度、湿度适宜的情况下,幼虫蜕皮顺利,很少有死亡现象。刚孵出的幼虫为1龄虫,蜕第1次皮后变为2龄幼虫。幼虫蜕皮时常爬浮于群体及饲料的表面。初蜕皮的幼虫为乳白色,十分脆弱,也是最易受伤害的时期。约20天后逐渐变为黄褐色,体壁也随之硬化。经60天7次蜕皮后,变为老熟幼虫(见图2-5的3龄虫与7龄虫比较)。老熟幼虫长2.5~3厘米,接

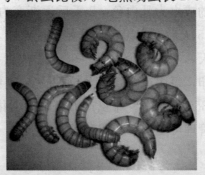

图2-5

着就开始变蛹。

　　幼虫生长期一般为 80～130 天，平均生长期为 120 天，最长可达 480 天，生长过程一般历经 10～15 龄。幼虫食性与成虫一样，只是比成虫更加杂乱，但不同的饲料直接影响到幼虫的生长发育。合理的饲料配方，较好的营养，可以促进幼虫取食，加快生长速度，降低养殖生产成本。幼虫喜好黑暗，由于群居运动互相摩擦，可以促进虫体血液循环及消化，增加活性，因此群体生存比散居有利于生长。在饲料供给量不足或水分缺乏的情况下，幼虫自相残杀的习性表现非常充分。

4. 蛹

　　老熟幼虫化蛹时裸露于饲料表面。初蛹为乳白色，体壁柔软，隔日后逐渐变为淡黄色，体壁也变得较坚硬。蛹只能依靠扭动腹部运动，不能爬行前进。黄粉虫成虫和幼虫随时都可以将蛹作为食物，尤其是在蛹的初期，只要蛹的体壁被咬伤一个极小的伤口，就会死亡或羽化出畸形成虫。

　　蛹期对温度、湿度要求也较严格，温度、湿度不合适，可以造成蛹期的过长或过短，增加蛹期感染疾病、增加死亡率的可能性。蛹的羽化适宜温度为 25～30℃，相对湿度为 50%～70%。湿度过大时，蛹背裂线不易开口，成虫会死在蛹壳内；湿度过小时，也会造成成虫蜕壳困难、畸形或死亡。蛹的越冬最低温度为 20℃。

四、生物学特性

1. 群集性

黄粉虫不论幼虫及成虫均集群生活，而且在集群生活下生长发育与繁殖得更好，这就为高密度工厂养殖奠定了基础。饲养黄粉虫也不宜密度过大，当密度过大时，一来提高了群体内温度造成高温死虫，二来相应的活动空间减少，造成食物不足，导致成虫和幼虫食卵和蛹。

2. 负趋光性

黄粉虫的幼虫及成虫均避强光，在弱光及黑暗中活动性强。这是因为黄粉虫幼虫复眼完全退化，仅有单眼 6 对，因而怕光，成虫也一样，它们主要是以触角及感觉器官来导向的。

成虫喜欢潜伏在阴暗角落或其他杂物下面躲避阳光，幼虫则多潜伏在粮食、面粉、糠麸的表层下 1～3 厘米处生活。雌成虫在光线较暗的地方比强光下产卵多，因此人工饲养黄粉虫应选择光线较暗的地方，或者饲养箱应有遮蔽，防止阳光直接照射，影响黄粉虫的生活。

3. 假死性

幼虫及成虫遇强刺激或天敌时即装死不动，这是逃避敌害的一种适应性。

4. 自相残杀习性

黄粉虫群体中存在一定的自相残杀现象，均是发生于特殊时期与条件下。各虫态均有被同类咬伤或食掉的危险。成虫羽化初期，刚从蛹壳中出来的成虫，体壁白嫩，行动迟缓，易受伤害；从老熟幼虫新化的蛹体柔软不能活动，也易受到损伤，而正在蜕皮的幼虫和卵，都是同类取食的对象。所以，控制环境条件，防止黄粉虫的自相残杀、取食，是保证人工饲养黄粉虫成功的一个重要问题。自残影响产虫量，此现象发生于饲养密度过高，特别是成虫和幼虫不同龄期混养，因此，要根据虫体的特性进行分离和分群管理。

5. 运动习性

成虫后翅退化，不能飞行。成虫、幼虫均靠爬行运动，极活泼。为防其爬逃，饲虫盒内壁应尽可能光滑。

6. 其他习性

黄粉虫对干燥的耐性较高，尤其是幼虫可以粮食及其副产品为食，在不供叶芽类的情况下生活半年以上。黄粉虫在 0～8℃ 时抗逆性较差，幼虫在半年内成活率可达 60%～80%，蛹则下降为 30%，而成虫在 1 个月内全部死亡。

五、对环境的要求

黄粉虫的生长活动、生命周期与外界温度、湿度密切相关。

1. 温度

黄粉虫较耐寒，越冬老熟幼虫可耐受−4℃，低龄幼虫在0℃左右即大批死亡。0℃以上可以安全越冬，10℃以上可以活动吃食。生长发育的适宜温度为25～28℃，超过32℃会热死。4龄以上幼虫，当气温在26℃，饲料含水量在15%～18%时，应及时降温。

黄粉虫对温度的适应能力：黄粉虫属于变温动物，其进行生命活动所需的热能的来源，主要是太阳的辐射热，其次是由本身代谢所产生的热能，但在很大程度上取决于周围环境的温度。

1）适温区：在此温区内黄粉虫的生命活动都可正常进行，但其发育的速度仍有所差异，所以又可分为以下3个温区。

①高适温区：黄粉虫的高适温区为35～40℃。在此温区内，黄粉虫的发育速度随着温度的升高而减慢。此温区的上限，称为最高有效温度，达此温度，黄粉虫的繁殖力就会受到抑制。

②最适温区：黄粉虫的最适温区为25～35℃。在此温

区内黄粉虫发育速度适宜，并随着温度升高而加速，寿命适中，繁殖力最大。

③低适温区：黄粉虫成虫的低适温区为 15～25℃；卵的发育适温区为 5～10℃；幼虫的发育低适温区为 5～10℃；蛹的发育低适温区为 10～15℃。在此温区内黄粉虫的发育速度随着温度降低而减慢，繁殖力也随之下降，甚至不能繁殖。此温区的下限，称为最低有效温度，只有高于这一温度，黄粉虫才开始发育，故称为发育始点温度。黄粉虫各个虫态均存在发育始点温度。

2）临界致死高温区：黄粉虫的临界致死高温区为 40～45℃。在此温区内，由于不适宜的高温，黄粉虫的生长发育和繁殖会受到明显的抑制。如高温持续时间过长，黄粉虫将呈热昏迷状态或死亡；如在短时间内温度恢复正常，黄粉虫仍可恢复正常状态，但部分机能可能受到损伤，特别是生殖机能最敏感。

3）致死高温区：黄粉虫的致死高温区为 40℃左右。在此温区内，黄粉虫经过较短的时间后便死亡。

4）临界致死低温区：黄粉虫的临界致死低温区为 -10～-5℃。在此温区内，黄粉虫呈冷昏迷状态。如持续时间较短，当温度恢复正常时，黄粉虫可恢复正常状态；如持续时间过长，可造成死亡。

在北方，自然条件下，黄粉虫多以幼虫和成虫越冬，在仓库中可抵御 -10℃以下的温度，但成活率很低，在 35℃以上的环境中开始出现死亡。秋季温度在 15℃以下开始冬眠，此时也有取食现象，但基本不生长。冬季，黄粉

虫进入越冬状态以后，可随人为升高温度而恢复取食活动
并继续生长发育，如在冬季将饲养室温度提高到 20℃，幼
虫可以恢复正常取食，而且能够化蛹、羽化，但若要其交
配产卵，则需将温度提高到 25℃。所以，黄粉虫的适宜生
长温度为 20～35℃，25～35℃为最佳生长发育和繁殖温度，
致死高温为 40℃。

在高于 35℃的情况下，黄粉虫各虫态均出现死亡现象，
但有时室温仅有 32℃，即出现大批死亡的现象，这是因为
黄粉虫（幼虫）密度大时，虫体不断运动，虫体之间相互
摩擦生热，可使局部温度升高 2～5℃。此时必须尽快减小
虫口密度，提高散热量。自然界的温度变化一般比较温和
缓慢，虫体较易适应。如果人为因素使温度骤热骤冷，日
温差上下变化在 20℃以上，就会破坏黄粉虫的正常新陈代
谢，而逐渐引起患病，增加死亡率。

2. 湿度

湿度实质上就是水分的问题，水是黄粉虫维持生命活
动的介质，消化作用的进行、营养物质的运输、废物的排
出以及体温的调节等都与水直接相关，同时水也是影响黄
粉虫种群数量动态的重要环境因素。

黄粉虫主要从食物中获得水分，一般取食含水量多的
食物，虫体含水量也较高；而取食含水量较少的食物，虫
体含水量也较低。其次，黄粉虫还可利用代谢水和通过体
壁或卵壳从环境中吸收水分。黄粉虫几乎不能直接饮水，
黄粉虫获取水分的途径主要是通过含水量较大的叶菜类

食物。

黄粉虫的不同发育阶段，都有其一定的适湿范围，高湿或低湿对其生长发育，特别是对其繁殖和存活影响较大。同时，食物尤其是添加的叶菜类含水量的不同可以间接地对昆虫发生影响。

湿度对黄粉虫发育速度的影响远不如温度明显，主要是因为其血液有一定的调节代谢水的能力和在其发育期间需水量极小，所以只有在湿度过高或过低而且持续一定时间，其影响才比较明显。

环境湿度较低时，可使部分已抱卵的雌虫不能正常产卵。一些在卵内已完成发育的幼虫不能孵化，一些在蛹壳内已形成的成虫不能羽化。这主要是因为偏低的湿度使虫体水分消耗较多，在虫体内不能形成足够的液压，而对黄粉虫的产卵、孵化、脱皮、羽化等发生不利的影响。

黄粉虫最适相对湿度成虫、卵为 $55\% \sim 75\%$，幼虫、蛹为 $65\% \sim 75\%$。空气干燥，影响生长和蜕皮，黄粉虫蜕皮时从背部开裂蜕裂线，许多幼虫和蛹的蜕裂线因干燥不能正常开裂，因而无法蜕皮，使其不能正常生长，逐渐衰老死亡，也有的因不能完全从老皮中蜕出而呈残疾。湿度过高时，饲料与虫粪混在一起易发生霉变，使虫体得病。所以，保持一定的湿度，随时补充适量含水饲料（如菜叶、瓜果皮等）是十分必要的。在相同湿度环境条件下保持温度的稳定，对促进黄粉虫成长、交配、产卵及其寿命都是十分重要的。

在自然界中，虽然在某些情况下，温度和湿度对黄粉虫的影响有主有次，但两者是互相影响和综合作用的。对不同发育阶段，适宜的温度范围是因湿度的变化而转移的，反之亦然。

黄粉虫在最适宜温度、湿度下的生长情况见表 2-1。

表 2-1　黄粉虫在最适宜温度、湿度条件下的生长情况

虫态	最适温度	最适相对湿度	孵化羽化或生长期
成虫	24～34℃	55%～75%	生长期 60～90 天
卵	24～34℃	55%～75%	孵化期 6～9 天
幼虫	25～30℃	65%～75%	生长期 85～130 天
蛹	25～30℃	65%～75%	羽化期 7～12 天

3. 光照

在自然界，光和热是太阳辐射到地球上的两种热能状态，黄粉虫可以从太阳的辐射热中直接吸收热能，但黄粉虫长期生存于无光或暗光的环境中，害怕强光的刺激。它们也需要一定的光照度，以便吸收热量，提高消化能力，加快生长发育的速度。黄粉虫对弱光有正趋性，对强光有负趋性，它们最喜欢在较弱的暗光下活动。因此，在人工饲养环境中应创造一个光线较暗的环境。

不同的光照时间对黄粉虫成虫的产卵量也有较大的影响。成虫在自然较弱光照条件下，产卵量多、孵化快、成活率高。若遇强光长期连续照射，则会向黑暗处逃避，若无处躲避则会出现产卵减少，繁殖力降低，导致种群退化。

4. 养殖密度

黄粉虫幼虫性喜集群生活，在高密度的群体生活中，能引起幼虫之间的相互取食竞争，其益处是能引起彼此快速进食和发育成长。但若在密度过大和食物缺乏时，则会出现生长缓慢，相互竞争激烈和自相残杀现象，死亡率较高。

实践证明，幼虫的养殖密度与饲料空间呈反比关系，幼虫适宜的饲养密度主要取决于它能获得的饲料空间。密度过大，幼虫能获得的饲料空间变小；反之，幼虫所获得的饲料空间变大。随着幼虫的生长，体积增大，需要的空间和食物也增多，这样在一定的空间和有限的食物资源条件下，密度效应将起到影响作用。因此，密度越大，幼虫生长缓慢，发育期长，化蛹延迟和化蛹率降低，幼虫在蜕皮及化蛹时被伤害，导致畸形或死亡，使得整体发育速度缓慢。低密度的幼虫个体较大、较肥，但是生长期较长，而且幼虫不活泼，行动迟缓。这是因为低密度的幼虫获得饲料空间较大，使得幼虫获取饲料的竞争力变小，虽然幼虫个体较大，但是生命力并不强，不适合留种，有可能造成品种退化。考虑到密度对黄粉虫生长发育的影响及工厂化养殖的要求，保持合理的饲养密度，一般采用每平方米6000～7000只老龄幼虫或成虫较为合适。

5. 食料

黄粉虫成虫的繁殖力大小，也取决于食料配方的不同或多寡。以单种饲料进行试验时，用面粉（或麦麸）饲喂的成虫寿命最长，平均产卵 300 多粒；以大豆粉饲喂的寿命稍短一些，平均产卵 250 粒左右；而以面团饲喂的寿命最短，平均产卵 200 多粒。若添喂马铃薯或胡萝卜等淀粉含量高的食料，成虫寿命相应要延长一些，产卵量也会增加 1/3 左右。在产卵期，给成虫投喂优质配方的饲料，提供足够的营养，可延缓成虫衰老，延长产卵期，提高产卵量。由此可见，提供适宜的饲料可对种群优化起到积极的作用。

第 3 章
养殖场地及用具

随着黄粉虫需求量的越来越大，仅靠过去那种简单的养殖已不能满足生产需要。工厂化养殖黄粉虫是目前较为先进的饲养方法，适合中、大型规模养殖。

一、养殖场地的选择

黄粉虫人工养殖场地的设计就是根据黄粉虫的生物学特性，人为地创造适宜黄粉虫的生活环境，然后进行饲养繁殖生产，从而获得经济效益。所以，在养殖黄粉虫之前，应全面了解黄粉虫的生物学特性，包括黄粉虫生长所需要的温度、湿度、食物和光照等。

养殖场地要宽敞，最好选择远离闹市、嘈杂的公路及距化工厂远些的地方，最适合农村安静的环境，周围没有什么污染源。

二、养殖方式

目前，黄粉虫人工养殖的方法根据规模的大小，可以分为家庭式养殖和工厂化养殖两种。在家庭式养殖模式中，一般月产量50～100千克以下，饲养设备较简单，难以统一工艺流程、技术参数，常用盆、缸、木箱、纸盒、砖地等器具进行饲养，只要容器完好，无破漏，内壁光滑，虫子不能爬出，即可使用，并且一般不需专职人员喂养，利用业余时间即可。进行黄粉虫工厂化规模生产可充分利用闲置空房，但为了集约化管理，最好相近连片，形成一定的产量规模。

1. 盆养

家庭盆养黄粉虫，适合月产量5千克以下的养殖，一般不需专职人员喂养，利用业余时间即可。饲养设备简单、经济，如旧脸盆、塑料盆、铁盒、木箱等，只要容器完好，无破漏，内壁光滑，虫子不能爬出，即可使用。若箱内壁不光滑，可贴一圈胶带纸，围成一个光滑带，防止虫子外逃。

2. 木盒养殖

因黄粉虫惧怕明水，用塑料盆养虫时，饲料水分稍大一些，盆底就会出现明水，对虫子有害。与塑料盆相比，木盒有一定吸潮作用，即使饲料湿度大一些，木盒也能吸收，盒底不会出现明水，对黄粉虫不会造成危害。木盒一般为长方形，较为轻巧，搬动方便，可一层层叠放，能充分利用空间，减少占地面积，符合工厂化生产的要求。

为方便操作，应制作统一规格的木盒。养殖户可根据饲养室的大小，制作规格在长80～100厘米、宽45～50厘米、高6～8厘米的敞口木盒。盒内壁应无钉眼、无缝隙、无虫钻痕迹，在四周镶上装饰板条或粘贴胶布固定好做光滑的衬里，也可刷上油漆，以防虫逃。底板用纤维板钉严，刷上油漆，以防虫咬。

3. 池养

一般是建筑平地水泥池，多用于大面积饲养幼虫。根据饲养室大小，常见为正方形（200厘米×200厘米×15厘米）或长方形（250厘米×150厘米×15厘米）的池子。池内壁粘贴光滑瓷砖以防逃，池底建地下火道用于升温。因面积较大，饲养人员可进入池中进行日常管理。养殖池用途较多，缺点是单位面积利用率低。

4. 房养

黄粉虫原是在仓库中生活的昆虫，因而人工养殖也是在室内进行。为了减少投资，减轻风险，最好充分利用闲置的空旧房，如一般的旧厂房、民房、废弃的仓库等，但是这些空旧房要求必须没有堆放过农药、化肥和其他刺激性气味的物品，如油漆、柴油等。同时饲养房要求通风好，室内光线暗。所用房间必须堵塞墙角孔洞、缝隙，并粉刷一新，以达到防鼠、灭蚁、保持清洁的目的。在经济条件允许的情况下，可以建设专用的养殖温室：房间需利用太阳能的采热原理建造，既可利用太阳能，又能充分利用空间，使二者优点集为一体。无论从那一个角度讲，都可以给黄粉虫创造一个有利于生长、繁殖的优良条件。饲养室的大小可视其养殖黄粉虫的多少而定，一般情况下 20 平方米的一间房能养 300～500 盘。

（1）层顶：冬季，可以根据屋子的宽度，用整幅的塑料布距地面高度 2 米封顶，这样不会有露水滴落。为了不让塑料布顶棚上鼓下陷，可横着每 50～80 厘米拉一道铁丝，把塑料布上下编好封边（固定铁丝、拉紧，可用钩膨胀螺丝或尖铁）。也可以在房间内距 2.5 米高度左右纵横均匀地拉好网面用厚度在 5 厘米以上塑料泡沫板平整依次地放在拉好的铁丝网面上固定，起到保温、隔热的作用。

（2）地面：室内地面要做到平整光滑，最好能用砖地面，吸水性好，可以调湿，降温快，冬暖夏凉。也可以用水泥等砂浆抹平，既便于搞好养殖卫生，同时又便于拣起掉在地上的虫子。

（3）墙壁、窗户：为能较好地防止老鼠、壁虎、鸟类、蜘蛛等的侵害，门、窗都要装纱窗，用质量无需太好的、宽 2.5 米的塑料布封好，不但防害，而且干净保温。特别值得一提的是排气扇要在前面或者后面用纱网罩住，否则，野鼠、鸟类很容易从其中进入。

（4）电源：为便于管理，应有可靠的电源。

（5）冬天升温设备：可根据各自的条件选择，只要保证温度、湿度合适即可。

①煤炉：要根据饲养房的大小来选择，一般大小的饲养房推荐的升温设备是普通的煤炉。煤炉容易买到而且价格不高，使用成本低，效果也比较理想。煤炉的安装方法是先把要使用的煤炉安装在饲养间比较宽敞的地方，再用铁皮管道将煤炉的排烟口接至房间外面。在使用时一定要注意不可泄露太多的煤烟在养殖房内，如果在房间内能闻到煤烟味就说明煤烟的含量已经超标，要迅速打开门窗通风换气，检查煤炉或烟道是否有破损的地方，及时修复或更换，以免造成不必要的损失。

②火炕加热法：若是大规模饲养的房间可以利用火炕加热法，火炕加热法就是参照北方火炕加热的方法再进行改进而做的。把整个饲养房的地面看作是一个火炕，在黄粉虫养殖房地面下挖成"日"字形，用砖或者烟囱管做成管道，进火口位于室外，灶膛一般位于室内，中间烟道与进火口之间设置分火砖，可将烟分成三股进房，出烟口与中央烟道相对，三股烟道回合后连接出烟口排出房外的烟

囱。在烧火时，热量随着火道散热，使房子地面好像火炕一样变热，从而使房内变暖。由于火炕加热法使整个房间地下均变热，所以该法能保持较长久恒定的室温。这种加温方法由于是干热，容易造成整个房间的干燥，所以在加热时要在室内放一桶水，这桶水最好放在室内的灶膛上。火炕加热法可用有烟煤做燃料，也可用农作物秸秆做燃料，经济方便。

③火墙（暖墙）：将炉口建在房外，暖墙建在房内，一头连接炉子，另一头连接烟筒。暖墙实际上就是烟道，可用烧制的砖砌成，离地面25厘米，将内部修成向烟筒方向逐渐升高的斜坡，烟筒应高于房顶1米以上，燃料多用煤、木柴等。

④地下烟道：在饲养房（池）内修筑地下烟道，是我国农村使用最普遍的一种保温方式。地下烟道修砌方法：按设计的烟道路线挖宽35厘米、近火炉端深25厘米、近烟囱端深15厘米的倾斜沟，在沟内用砖砌高11厘米、宽20厘米的烟道，上面铺上砖或双层瓦，烟道的接缝处要用水泥砂浆封严，不能让烟火从接缝处冒出，以免中毒。用煤渣、河沙等将沟填平，并在地面下铺一层5厘米厚的灰沙三合土。在烟道进口处用煤炉加温。煤炉用炉灰等蒙严，只留一个指头般大的通气孔，让煤缓慢地燃烧，一般每天只需早、晚各加一次煤。烟道出口端的舍外砌一个烟囱。

5. 棚养

养殖黄粉虫也可建筑简易大棚养殖，是一种高效而廉价的养殖新方法。

选择地面平坦、阳光充足的地方，建一面坡式坐北朝南塑料日光温室。为做到通风透气，要比一般塑料温棚高一些。用大棚养殖黄粉虫，要做好温度、湿度调控。黄粉虫的最适宜生长温度为 24～35℃，若超过 40℃则会死亡，低于 12℃进入冬眠。为采光升温，在晴天要早揭草苫，充分利用光照，增加棚内温度，多蓄热；下午早盖苫保温。夜间温度低时，可在大棚内点燃煤炉，使温度至少保持在 20℃以上。若大棚内湿度太低时，可在煤炉上放水壶，让水壶里的水经常保持沸腾状以增湿增热。冬季在门窗上挂厚草帘或棉被以保温，夏季在大棚上覆盖遮阳网以降温。

大棚养殖可以使自然采光和人工加温相结合，创造一个恒温条件。

(1) 建造材料：建造日光温室的材料应根据温室的结构和投资大小而定。考虑经济因素和保温效果，一般以砖木结构为主。所需要的材料有砖、水泥、细砂、蛭石或珍珠岩（保温材料）、中柱、上檩、椽子、木板（1 厘米厚）、稻草、竹子、铁丝、塑料薄膜、压膜线、草苫等。

(2) 日光温室的结构：日光温室主要由墙壁、走廊、养殖地或饲养架、顶棚、进气孔和天窗等部分构成。

①墙壁：为了保温，日光温室的墙壁采用双层夹心式——外层建 24 厘米厚的墙，内层建 18 厘米厚的墙，中间留 18 厘米宽的夹缝，用蛭石或珍珠岩等保温材料填充。

②走廊：为便于管理，应留出人行道，宽度以 50～60 厘米为宜。

③顶棚：顶棚建成起脊式，用中柱支撑。南坡用竹竿做骨架，扣以塑料薄膜，上覆草苫。北坡用上檩、椽木建造，上覆木板、草泥、稻草等物。

④进气孔与天窗：为了创造一个良好的空气流通环境，应在日光温室内设置进气孔和天窗，以保证室内有足够的新鲜空气。进气孔的内径一般为 20 厘米，设置在主火道两侧，与主火道平行。这样，室外部分冷空气进入室内时，通过火道近旁高温的加热而变暖，不会因空气流通而降低室温。天窗设在北坡，每个间隔 5 米左右的距离，大小以40 厘米见方为宜。

（3）结构参数（供参考）：从地面到脊顶高 2.5 米左右，内侧跨度 5 米，前坡内侧与地平面的夹角 25°～28°，后坡内侧与地平面的夹角 35°～40°，高度与跨度的比例1：2；前后坡比 4：1，墙体厚 60 厘米以上，后坡厚 30 厘米以上，草苫厚 3～5 厘米。

三、饲养用具

黄粉虫饲养用具主要有立体养殖架、养殖箱（盘）、产卵筛（40～60 目）、虫粪筛（20～60 目）、选级筛（10～12目）、选蛹筛（6～8 目）。

饲养架、养殖箱（盆）、分离筛等应该自制，可以降低成本，所需的原料主要有木板、三合板（1.2 米×2.44米）、胶带（7.2～7.5 厘米）。自制的用具等规格应一致，以便于技术管理。饲养盘通常是选用实木材来制作。在选择木材时要先了解一下木材的性质，没有特殊气味的木材都可作为原材料来使用。在使用密度板、纤维板、木合板、胶合板的时候也应注意最好选用旧的材料，或是经过长期挥发后的材料。因为人工合成的各类板材均含有不同量的化学有机溶剂。如果资金不足也可以用纸箱来代替饲养盒，纸箱的成本低，但耐用程度不如各类木制的盒子，也受湿度的影响。

1. 饲养架

为了提高生产场地利用率，充分利用空间，便于进行立体饲养，可使用活动式多层饲养架。可选用木制或三角铁焊接而成的多层架，要求稳固，摆上养殖箱（盆）后不容易翻倒。要注意的是要根据空间设计架子，一般高度为1.6～2 米，层距 20 厘米，每个架子可做 9 层，养殖箱（盘）放置于木条和架子大小的层架上，每层放置 1 或 2 个养殖箱（盘），箱（盘）的大小和架子大小要相适应，以避免浪费。饲养架第一层要距地面 30 厘米，脚四周贴上胶带，使之表面光滑以防止蚂蚁、鼠等爬上架。为了实用和降低成本，可以根据具体情况，因地制宜，在保证规格统一的前提下，自行设计，饲养架高度可以根据生产车间及操作方面程度做适当调整。

（1）选好要使用的方木条，根据饲养车间的大小截出相应的尺寸，选出作为木架支撑腿的木条在上面画好距离（距离要根据横木条的尺寸来定，高度要根据饲养车间的高

图 3-1

度来定），一般两个横木条之间的距离为 14 厘米。

（2）将支撑腿找一块平整的水泥地面依次排开间距为 90 厘米或 95 厘米，先将一根横木条固定在几根支撑腿的最上方（按原先测量好的标记）固定好最上方之后再固定最下方的横木条，然后固定最中间的横木条，间距要统一。最后把所有的横木条依次固定在支撑腿上（固定方法用铁钉、木槽加木胶都可以），这样饲养架的一半基本上就做好了（如图 3-2 所示）。

（3）用同样的方法将饲养架的另一面也做好，再用 40 厘米长的木条将两个做好的饲养架连接、固定在一起，一个标准的黄粉虫饲养架就做好了（如图 3-3 所示）。

2. 养殖箱（盘）

制作养殖箱（盘）用于饲养黄粉虫幼虫、蛹以及收集

图 3-2

图 3-3

成虫产的卵和在其中进行卵的孵化（也叫孵化箱），其规格、大小可视实际养殖规模和使用空间而确定，可大可小，但要求箱内壁光滑，不能让幼虫爬出和成虫逃跑。

养殖箱（盘）最佳尺寸为宽 40 厘米、长 80 厘米、边高 8 厘米，这样每张三合板正好 9 个盒底，不浪费材料，而且刚好与透明胶带宽度适宜。三合板的光滑面在盒外面，为使胶带牢固不让虫子外逃和咬木，要贴好胶带再组装盒子。靠盒底部多留 2 毫米胶带和底封严。一个孵化箱可孵化 3 个卵箱筛的卵，但应分层堆放，层间用几根木条隔开，以保持良好的通风。

塑料材质也可，但是 1～2 月龄以上的幼虫应养于木质箱内，以增加空气的通透性，防止水蒸气凝集。

（1）先将各种板材（有特殊气味的不行）切割成 80 厘米长或 40 厘米长，宽度为 8 厘米，厚度为 0.8 厘米、0.9 厘米或 1.0 厘米的各一块（注意这些板块必须有一面是光滑的，以便粘贴透明胶带），将准备好的透明胶带平整用力地粘贴在光滑面。

（2）用小铁钉或气枪钉将四块木板钉成一个长 80 厘米、宽 38 厘米、高 8 厘米的木框。四个角的连接处还要用长一些的铁钉进行二次加固，以防使用时开角脱落（如图3-4 所示）。

（3）将钉好的木框放在平整的水泥地面上，把切割好的木盒底板（80 厘米×40 厘米的胶合板）放在上面用小铁钉或气枪钉固定在上面。这样一个标准的黄粉虫饲养盘就做成了（如图 3-5 所示）。

在加工饲养盘前，先在四周边料的内侧粘贴宽胶带，由底线往上，底缘略有富裕，在钉底板时压在底板和四周

图 3-4

图 3-5

侧板中间，四壁及底面间不得有缝隙，可以保证黄粉虫幼虫、成虫不会沿壁爬出。

3. 分离筛

分离筛可以用于筛除不同大小的虫粪和分离不同大小的虫子。用于不同用途通常其筛孔的目数也是不同的。所谓目，就是每英寸（相当于 2.54 厘米）长度上筛孔的个数，并以此数目为编号，以目来表示。如每英寸长度上有 4 个筛孔的，即称 4 目筛，有 6 个筛孔的为 6 目筛，依此类推。

分离筛分为两种，一类用于分离各龄幼虫和虫粪，幼虫与虫粪的分离筛由 8 目、20 目、40 目、60 目铁丝网或尼龙丝网做底制作而成。另一类用于分离老熟幼虫或蛹，四周用 1 厘米厚的木板制成，由 3～4 厘米孔径的筛网做底制作而成。

分离筛在使用时，可以架托在一个支架上，通过来回往复动作，筛落虫粪或小虫体，从而达到分离的目的。

（1）用于分离虫粪和各龄幼虫：幼虫与虫粪的分离筛有 20 目、40 目、60 目 3 种网眼的筛子。3～4 龄前幼虫用 60 目筛网筛除虫粪，4～10 龄幼虫宜用 40 目筛网筛除虫粪，10 龄以上幼虫宜用 20 目筛网筛除虫粪。

①先将各种板材（不要使用有特殊气味的板材）切割成 75 厘米长或 35 厘米长、宽度为 7 厘米、厚度为 1.2 厘米的各一块（注意这些板块必须要有一面是光滑的，以便粘贴透明胶带）。将准备好的透明胶带平整用力地粘贴在光滑面。

②用小铁钉或气枪钉将 4 块木板钉成一个长 75 厘米、

宽 37.4 厘米、高 7 厘米的木框。四个角的连接处也要用长一些的铁钉进行二次加固，以防使用时开角脱落（如图 3-6 所示）。

图 3-6

③将钉好的木框放在平整的水泥地面上，把标准的 10 目铁筛网平放在木框上面再用等量长短的细木条（厚度最好为 0.8 厘米或 0.9 厘米）先将筛网的一面固定在木框上面，切记在固定另一面时必须将筛网用力拉平然后再进行固定。这样做出的产卵筛平整耐用，也利于成虫的产卵（如图 3-7 所示）。

（2）用于分离老熟幼虫和蛹：制作与第一种基本相同，不同的是筛网的网眼是用 8 目。

4. 产卵盘

产卵盘与生产饲养盘规格统一，便于确定工艺流程技

图 3-7

术参数。

　　成虫产卵的多少及管理方法是否得当直接关系到商品虫的产量高低与养殖效益的好坏，必须予以重视。成虫的产卵盘可用养殖幼虫时的虫粪筛，也可专门制作。为方便操作，产卵盘规格要小于接卵盒，以便产卵筛能放到养殖盘里面，通常就是四周的木板长度每条减少 3～5 厘米。卵筛的内壁要镶光滑的衬里或贴上透明胶带以防止成虫逃跑。卵筛敞口面四周垂直于盒壁，钉上正面朝里 6 厘米宽的装饰板条。为经久耐用，底部最好装铁纱网，网眼大小一般为 40～60 目，以便成虫将产卵管伸出筛网产卵；装铁纱网时可用厚 15 毫米左右的木条作压条钉牢，使铁纱底与接卵纸之间有一定的距离，以防止成虫食卵。每个产卵筛还要装配一个略大于底部的接卵盒（也可直接用幼虫养殖木盒作接卵盒），接卵盒用纤维板和木条制成，并铺上报纸或白纸，撒一层薄薄的麦麸。一般若接卵盒底较为光滑洁净，不会损坏虫卵，也可不用报纸或白纸，直接将麦麸撒在盘底上，让卵落在上面。

5. 产卵筛

与养殖盘制作基本一样，不同的是产卵筛不能太大也不能太小，要略小于养殖盘 3～5 厘米；养殖盘的底部是三合板，产卵筛的底部是铁纱网，且筛网为 40～60 目。封筛网的木条不要太厚，宜在 0.8 厘米，这样利于成虫产卵和节省麦麸。

产卵筛与接卵盒的配套一般是五个卵筛配数个养殖（卵）盒。为防止成虫取食虫卵，一般均将成虫放在卵筛中饲养，再将卵筛放入卵盒内，以避免卵受到成虫的危害。

6. 孵化箱和羽化箱

黄粉虫的卵和蛹，在发育过程中外观上是静止不动的。为了保证其最适合温度和湿度需求并防止蚁、螨、鼠、壁虎等天敌的侵袭，最好使用孵化箱和羽化箱。孵化箱和羽化箱规格为：箱内由双排多层隔板组成，上下两层之间的距离以标准饲养盘高度的 1.5 倍为宜，两层之间外侧的横向隔离板相差 10 厘米，便于进行抽放饲养盘的操作。左右两排各排放 5 个标准饲养盘；中间由一根立锥支柱间隔；底层留出 2 个层间距以便置水保湿。在规模较大的生产养殖条件下，可以独立建设一个羽化或孵化房间，达到同样的效果。

7. 其他

温度计和湿度计、旧报纸或白纸（成虫产卵时制作卵卡）、塑料盆（不同规格，放置饲料用）、喷雾器或洒水壶（用于调节饲养房内湿度）、镊子、放大镜、菜刀、菜板等。

第 **4** 章
繁殖和育种技术

　　许多养殖户都会比较关注黄粉虫的繁殖技术和种虫培育技术，其实操作起来都是非常简单的，关键在于引种质量。有些养殖户贪图便宜购买一些售价便宜的商品虫做种虫，质量得不到保障。

一、引入种源

　　黄粉虫经过多年的人工饲养，黄粉虫群体会出现退化现象。种群内部经繁殖数十代，甚至上百代，因是近亲繁殖，加上人工饲养中会有一些不适宜的环境因素，使部分黄粉虫生活能力降低，抗病能力变差，生长速度变慢，个体变小。因此，引种直接关系到黄粉虫养殖的成败，在引种时应注意以下几方面的问题。

1. 做好引种前的准备工作

首先应仔细阅读有关黄粉虫的书籍，初步掌握黄粉虫的生活习性、管理技术、疫病防治等技术要点，了解当地的市场行情与销售途径，谨慎减少养殖风险，根据实际需要筹建黄粉虫养殖场地。

黄粉虫场地的建造力求符合其生活习性，适宜的环境是动物生产性能正常表现的条件，并做到便于管理、利于防病、适于生长繁殖。

引种前要做好一些饲料和饲养盒、饲养架等用具，以便种虫引回来后便于饲养。订种前对黄粉虫养殖场地及用具进行彻底消毒，消毒方式可以用石灰水对场地全面喷洒，用高锰酸钾按 1：50 的比例对用具喷洒。如果是开始饲养或黄粉虫发生疾病后重新饲养，可以在彻底清扫后，用高锰酸钾和甲醛以 1：1 的比例密闭熏蒸 48 小时消毒，这样可以杀灭一切可能存在的病原体和害虫，没有任何死角，消毒比较彻底。但要注意密闭熏蒸 48 小时后，要通风 5 天以上才可以开始启用，否则容易引起黄粉虫中毒。

2. 掌握引种季节

引种最好选用附近的优良品种，因其适合当地环境和自然条件，容易饲养成功，亦可免去长途携带或寄运之劳，减少因途中处理不当造成的伤亡。当需要的种虫在本地无法获得时，亦可从外地引种，黄粉虫引进种虫的季节最好选择在 4～5 月为好，其次是 9～10 月，因为这两个季节的温差变化不大，运输途中对种虫的影响不大，虫体损伤较小。最好避开寒冷的冬季和炎热的夏季。引种时要看气候，如果是夏季引种的话要避免高温天气，温度不超过 30℃ 为最好，以避免黄粉虫在运输途中产生高温。种虫饲养间的温度湿度非常重要，如果控制不好老幼虫的死亡比例会很高，有条件的情况下温度应控制在 28～32℃，湿度应保持在 65%～75% 最为理想。

3. 慎选引种单位

有些供种企业利用初养户不了解黄粉虫种虫的知识，用商品虫冒充种虫出售给初养户，导致产量和数量都难以达到正常的水平，给初养户造成了很大的经济损失。所以初养户在选择引种单位时要慎重考虑，对引种单位和种虫要进行实地考察确认种源品质，对多个供种单位进行考察、鉴别、比较，然后确定具体的引种单位。

有人购买黄粉虫首先看黄粉虫养殖场的规模，片面认为黄粉虫饲养场规模越大，管理越规范，黄粉虫种质量越高，小场所容易发生近亲交配造成退化，质量不可靠。一般来说，作为一个种黄粉虫饲养场必须具备一定的规模，否则，群体太小，血缘难以调整，容易形成近交群并发生衰退现象。但是，也并非规模越大质量越高，这主要取决于该场原始群质量的高低，选育措施是否得当，饲养管理是否规范。如果以上几个方面落实不到位，什么规模的黄粉虫饲养场也难以生产优质的黄粉虫种。而有些规模尽管不大的黄粉虫饲养场，由于注重选种育种，饲养管理精心，黄粉虫种质量也相当不错。有个别炒种单位利用人们通常片面认为黄粉虫饲养场规模越大种质量越高的心理，买来很多商品虫冒充种虫"装点门面"，貌似规模做得很大，同时又使用较大的场地经营，其实就是用商品虫冒充种虫出卖高价，所以要善于区分。

4. 引种时严格挑选

引种时最好能请专业技术人员帮助选种。种虫的个体健壮，活动迅速，体态丰满，色泽光亮，大小均匀，成活率高；而商品虫个体大小不一，有的明显瘦小，色泽乌暗，大小参差不齐（有的经处理不明显），成活率低，产卵量远远达不到要求。黄粉虫与其他养殖业一样，同样受当地气候、环境、资源、市场等条件的影响。

与黄粉虫近缘的常见种类有黑粉虫，选购时应予以区别，黄粉虫和黑粉虫的主要区别见表4-1。

表 4-1 黄粉虫和黑粉虫的区别

虫态	黄粉虫	黑粉虫
成虫	体长 15 毫米	体长 14～18 毫米
	黑褐色，有脂肪样光泽	黑色，无光泽
	触角第 3 节短于第 1、2 节之和，末节的长带相等，而长于前一节	触角第 3 节几乎等于第 1、2 节之和，末节的宽度大于长度
	前胸宽略超过长，表面刻点密	前胸宽几乎不超过长，表面刻点特别密
	鞘翅刻点密，行列间没有大而扁的刻点	鞘翅刻点极密，行列中间有大而扁的刻点，因此产生明显而隆起的脊
幼虫	体长 28～32 毫米	体长 32～35 毫米
	背板黄褐色	背板暗红褐色或黑褐色
	触角第 2 节长 3 倍于宽	触角第 2 节长 4 倍于宽
	内唇两侧近边处各有刚毛约 6 根	内唇两侧近边处各有刚毛约 3 根
	前足转节内侧近末端有刺 2 根	前足转节内侧近末端有刺状刚毛 1 根
	第 9 节宽超过长，尾钩的长轴和背面形成几乎不钝的直角	第 9 节宽不超过长，尾钩的长轴和背面形成明显的钝角

5. 合理引种，量力而行

黄粉虫品种特性的形成与自然条件存在十分密切的关系。不同区域适应性的黄粉虫，若引种不当，则会造成减产。当然，有些种群在引种初期不太适应，经过几年以后就适应了，这就是所谓的驯化，也就是说环境生态条件相近的地区之间引种容易成功。引种必须了解原产地的生产条件以及拟引进种的生物学性状和经济价值，便于在引种后采取适当的措施，尽量满足引进的黄粉虫对生活环境条件的要求，从而达到高产、稳产的目的。

初次引种，应根据自身经济实力决定引种数量，一般宜少不宜多，待掌握一定的饲养技术后再扩大生产规模。另外，也可以适当从几个地区引种，进行比较鉴别，确定适宜饲养的黄粉虫种。

6. 减少应激，搞好运输

（1）选早晚气温较低时上路。

（2）注意收听天气预报，抓紧在气温较低的 1～2 天内，赶快采运。

（3）运虫密度不能太大，一定要使用较大的布袋装虫，使虫体有较大的活动空间，以便散热。一般一只面袋装虫不要超过 2.5 千克。

（4）尽量买小虫。相同数量的小虫比大虫产热量少得多。虽然小虫不能及时进入繁殖期，但从长远看，买小虫比买大虫经济得多。

（5）平均气温达 32℃ 以上，途中又无法实施放冰袋等降温措施的，不宜长途运输。冬季运输虫子时应注意两个环节，一是虫子装车前应在相对低温的环境下放置一段时间，使其适应运输环境，二是装车时要在车的前部用帆布做遮挡，以防止冷风直接吹向虫子，同时应即装即走，减少虫子在寒冷空气中的暴露时间。

（6）做好运输，减少应激，运输车辆应大小适中，并经过严格的清洗消毒，车上应垫上锯末或沙土等防止缓冲抗击的垫料，防止黄粉虫箱体在运输中颠簸碰撞破烂，并在装车时要注意箱体的固定。在运输途中尽量做到匀速行驶，减少紧急刹车造成的应激。为减轻环境、运输等方面的应激反应，最好在晚上运输，途中搞好防暑、防寒、防风等工作。运输时间在 7 小时以内的，途中不必饲喂，只需要在运输前喂饱、吃好即可。运输时间超过 7 小时的应带些青绿饲料适量饲喂以防失水过多，同时应注意检查，发现异常情况应及时处理，运黄粉虫箱以暗箱为佳，以减少运输途中种黄粉虫因适应外界变化而引发应激反应。

7. 到场后的合理饲喂

种黄粉虫运回养殖场所后，应进行一段时间的隔离暂养，待观察无病后，方可混群。同时注意：因途中运输和环境变换，易引起黄粉虫种的应激反应，所以种到目的地后，不要急于喂料，先让其安静 1～2 小时，再用适量麦麸、食盐和红糖拌点开水喂，隔3～4 小时左右再正常喂饲料。要做好饲料过渡，最好仍喂 3～5 天原来黄粉虫场同种或同类的精饲料，先精料后青料；以后逐步调整原饲料结构至新饲料结构，按时定量饲喂，以适应新的饲养环境，防止发病。之后，按时定量饲喂，并逐渐调整饲料，防止因饲料配方突然变化而引起种黄粉虫消化道疾病。如果饲喂麸皮等粉状饲料时，一定要用少量水分较多的菜类、萝卜类饲料拌和后饲喂，一方面可减少浪费，另一方面可避免纯干粉料喂。

由于引种搬迁、环境变换、饲料配方改变等均可不同程度地引起种黄粉虫的应激反应，降低对环境的适应能力和抗病能力，因此，应根据不同情况，及早采取防病治病措施。如在饲料中适当拌喂多维素和B族维生素，以增强种黄粉虫抗应激能力，幼虫每千克体重维生素日用量3～5毫克为宜。

二、繁殖技术

1. 雌雄鉴别方法

黄粉虫为雌雄异体，至成虫期才具有生殖能力。

成虫期雌雄易辨认，雌性虫体一般大于雄性虫体，但外表基本一样，雌性成虫尾部很尖，产卵器下垂，伸出甲壳外面，所以，它隔着网筛将卵产到接卵纸上。

也可通过蛹来进行鉴别，黄粉虫蛹的腹部末端有一对较尖的尾刺，呈"八"字形，末节腹面有一对乳状突，雌蛹乳状突粗大明显，突的末端较尖并向左右分开，呈"八"字形；雄蛹的乳状突短小微露，末端钝圆，不弯曲，基部合并。

2. 交配繁殖

黄粉虫成虫的交配与产卵时间多数发生在夜间，而且成虫交配时对环境的条件要求比较高，如果成虫在交配时突然遇见强光和噪声则会因受到惊吓而中断交配，所以成虫交配的环境应避免干扰。

成虫交配期间对温度、湿度的要求相对来说也比幼虫更高，一般正常的温度在 $25 \sim 33℃$。对湿度的要求应控制在 $65\% \sim 75\%$。黄粉虫雄性成虫体内含有若干精珠，雄虫一个生活周期可产生 $10 \sim 30$ 个精珠，每只雄虫一生可交配多次，羽化后 $3 \sim 4$ 天开始交配，交配时间多在晚上 8 时至凌晨 2 时。每次交配时，雄虫输给雌虫 1 颗精珠，每颗精珠内储存近 100 个精子。雌虫在羽化后 15 天到达产卵盛期，此时一旦发生交配，雌虫将精珠存于储精囊内，每当卵子通过时，即排出 1 个或数个精子，结合成受精卵而排出体外。雌虫卵巢中也不断产生新的卵子，并不断地排卵，当雌虫体内精珠中的精子排完后又重新与雄虫交配，及时补充新的精珠。因此，雄虫比例不能过小，否则也会影响繁殖率。

3. 羽化产卵

黄粉虫羽化大约需要 7 天时间，但是如果温度或空气含水量不适宜，羽化时间会推迟，甚至死亡。在平均气温20℃，平均空气相对湿度为75％时，黄粉虫羽化率达85％以上。羽化后3～4天即开始交配、产卵，黄粉虫从羽化后的第15天开始进入产卵高峰期，高峰期可持续15天，2个月内为产卵盛期。在产卵盛期，每对黄粉虫每天最多产卵40粒，如果条件适宜，每对黄粉虫一个生活周期可产卵500多粒，平均每天产卵15粒。

在羽化产卵期间，成虫食量最大，每天不断进食和产卵，所以一定要加强营养和管理，延长其生命和产卵期，提高产卵量。在饲喂时，先在卵筛中均匀撒上麦麸或面团，再撒上丁状马铃薯或其他菜茎，以提供水分和补充维生素，随吃随放，保持新鲜。

4. 淘汰

成虫产卵2个月后，虽然存活，但其产卵能力显著下降，3个月后，成虫完全失去产卵能力。为节约饲料，提高经济效益，不论其是否死亡，均应及时淘汰这些成虫。生产上为了保证可连续地获得稳定的卵量，就必须经常不断地补充成虫。

5. 影响黄粉虫繁殖能力的因素

目前，影响黄粉虫繁殖力的因素很多，如品种、营养、环境卫生以及疾病等。在实践工作中，必须引起重视，认真做好黄粉虫的选种、育种工作，搞好环境卫生，做好疾病防治工作，切实提高黄粉虫的繁殖能力。影响黄粉虫繁殖力的因素主要有以下几点：

（1）虫种因素：繁殖力受遗传因素的影响，虫种的好坏直接影响其繁殖，其结果可直接由不同品种群体和个体的繁殖力差异显示出来。提高繁殖力的措施就是认真做好黄粉虫的选种、配种工作，一定要选择那些无退化现象、体质健壮、生长发育快、抗病力强、繁殖力高的黄粉虫作种虫。

（2）饲料因素：实践证明成虫只有在摄取足够的营养后才能正常产卵，在此基础上，添加少量的葡萄糖能使其产卵量增加，延长寿命。影响黄粉虫繁殖的饲料营养因素主要有以下几个方面：

①蛋白质水平：由于黄粉虫的精珠和卵中干物质的成分主要是蛋白质，因此，饲料中蛋白质不足或摄入蛋白质量不足时，可降低雄虫的交配和卵的质量。

②维生素的影响：饲料中维生素 E 对雄虫比较重要，虽然没有证据表明它能提高雄虫的生产性能，但能提高其免疫能力和减少应激，从而提高黄粉虫成虫的体质。

③青饲料的影响：坚持饲喂配合饲料的同时，保持合适的青绿多汁饲料，可保持黄粉虫成虫良好的食欲和交配能力，一定程度上能提高卵的品质。

④饲料发生霉变：黄粉虫成虫采食了发霉的饲料后会引起严重的繁殖障碍，近年来成为一个主要的问题。常见的会发生霉变的饲料有谷物类饲料如玉米（玉米芯柱）、燕麦（燕麦镰孢菌）、高粱、小麦等。

⑤饲料添加剂：用含不同剂量的饲料喂养黄粉虫，发

现在每千克饲料中添加 100 毫克氧化镧可使黄粉虫的一些重要生理指标发生明显的变化：在繁殖力方面，雌虫提前 2 天产卵，雌虫的产卵期缩短了 5 天，产卵量显著提高。实践证明：在繁殖组饲料中加入 2% 的蜂王浆，可使雌虫排卵量成倍增加。最好的组平均每雌排卵量达 880 粒，生产组平均每雌产卵量为 100 粒，而且幼虫抗病力强，成活率高，生长快。成虫产卵时需要补充营养，每天应有足够的饲料（麦麸及青饲料），最好每周投喂一次复合维生素，这样不仅产卵率高，孵化率也会上升，而且产出的虫子个体大，又肥又壮。

在实际生产中，黄粉虫在营养条件不良时雌虫不产卵、少产卵或产大比例的秕卵。秕卵的体积较小、坚硬，戳之无水流出。正常卵在合适的条件下孵化率可达到 100%，为准确统计产卵量与孵化率，应将秕卵和正常卵区别开来。

日粮中的营养水平是否适当对黄粉虫成虫的内分泌腺体激素合成和释放将产生影响。营养水平过高或过低对其繁殖也会产生不良影响。当口粮营养水平过高时，可使黄粉虫成虫体内脂肪沉积过多，造成营养功能下降，影响繁殖；能量过低，则可使成虫功能减退，出现吃卵现象。

总之，营养水平过低或过高都对黄粉虫繁殖不利。实践证明以面粉或麦麸饲喂的成虫寿命较长，达 60 天，平均每雌产卵 300 粒；而以大豆粉饲喂的寿命 45 天，平均每雌产卵 250 粒；以面团饲喂的寿命不超过 40 天，平均每雌产卵 200 粒。

（3）环境因素：黄粉虫的繁殖机能与日照、气温、湿度、噪声、饲料成分的变异以及其他外界因素均有密切关系。如果环境条件突然改变，可使雌虫不产卵。雄黄粉虫在改变管理方法，变更交配环境或交配时有外界干扰等情况下，其交配质量会受到影响，甚至引起交配失败。

环境温度对黄粉虫的繁殖机能有比较明显的影响。实践证明，随着温度的升高，成虫的寿命也随着缩短，20℃下雌虫平均寿命为 65 天，最长为 97 天，雄虫平均寿命为 61 天，最长 92 天；而在 35℃时，雌雄成虫的平均寿命分别为 30 天和 27 天，最长寿命分别是 45 天和 40 天，20℃下成虫的平均寿命是 35℃的 2 倍多。黄粉虫产卵的最低临界温度为 15℃，随着温度的升高，黄粉虫产卵率的变化趋势为：黄粉虫成虫在 20～30℃时产卵较多，当温度达到 33～35℃，成虫产卵极少，平均产卵量仅为 5 粒。研究发现在 23～27℃，相对湿度 60%～75%时，幼虫生长发育良好；蛹羽化为成虫的第 12～15 天，出现最大产卵量，平均产卵量达 207 粒。

（4）成虫的年龄：黄粉虫成虫的年龄明显地影响其繁殖性能，黄粉虫成虫，随着年龄的增长，繁殖性能不断提高。黄粉虫成虫产卵的高峰一般在羽化后第 2～60 天，其后繁殖性能就逐渐下降。一般黄粉虫成虫到 2 个月龄以上即应淘汰，除个别育种需要外，不宜再作种用。

三、育种技术

品种对黄粉虫的生产效应影响巨大，由于长期人工饲养和近亲繁殖以及人工饲养中的其他因素，许多人工饲养中的黄粉虫种虫都出现品质差和品质退化的问题。表现为抗病力下降，幼虫生长缓慢，个体变小，蛹的质量下降或提前化蛹，并腐烂易坏，成虫的生命缩短，产卵减少，繁殖力降低，虫卵的孵化率低和成活率不高等。因此，需通过对黄粉虫进行专门的选育和有性杂交工作，做好黄粉虫良种选育与培育，以保证工厂化养殖黄粉虫的优质高产。

目前主要优化措施是采取遗传优势互补原理和异地同种优势互补原理两种方法进行杂交育种，达到种群优化目的。在遗传互补杂交品种优化时，主要是在亲本选配上挑选健康强壮的黄粉虫和黑粉虫优势个体，通过基因重组使杂交后代得到互补。由于黄粉虫具有生长快、繁殖系数高、蛋白含量高等特点，而黑粉虫有生长周期长、饲养成本高、营养成分比较全面等特点，将黄粉虫与黑粉虫进行杂交育种后，就可得到优势互补的功效，能使黄粉虫获得生长发育较快、繁殖系数高并且营养丰富的杂交后代。在用异地同种的黄粉虫进行种群优化时，主要是选取个体大、产卵多、疾病少、色泽黄亮和健康活泼的老熟幼虫进行杂交育种，这样能使不同地域的黄粉虫优势互补，得到个大、高产和抗病力强的优良后代。目前，因黑粉虫养殖不普遍，大多数黄粉虫养殖户主要采取此种优化方法。

(一) 纯种选育

黄粉虫在经过百年的民间人工分散养殖过程中，不可避免地会存在一些品种退化问题，与种群内部数十代、甚至近百代地近亲交配以及人工饲养中的一些人为因素的影响有关，具体表现为幼虫生长缓慢，取食量不断下降，个体越来越小，抗病能力变差，蛹的质量下降，腐烂易坏，成虫的繁殖力降低，幼虫的孵化率、成活率不高等。所以有必要进行优良品种选育和品种复壮，以保证养殖黄粉虫的品质和质量。人工饲养应注意培育优良品种，在黄粉虫优良品种培育中有两种倾向，即一种是所谓纯种，一种是所谓杂交。

纯种选育就是不与其他品种杂交，在本品种内通过选种和繁育提高品种的经济性状和生产力，还可以作为培育高产黄粉虫、杂交和繁育新品种的材料。选育要在自己饲养的黄粉虫内进行，并要有一定数量的黄粉虫饲养量，一般一个品种不少于 30～50 盘同龄虫，每一盘作为一群，对黄粉虫交配实行控制。选种要以每盘虫为选择单位，具体来讲，包括三个互相联系的方面。

1. 选种标准

(1) 生产性能：主要指黄粉虫的生长发育情况，一般衡量指标就是同样饲料的条件下黄粉虫幼虫增加的体长和体重。以老熟幼虫为准，幼虫体长应在 33 毫米以上，体重应在 0.2 克/条以上。

（2）生物学特性：产卵、化蛹性能，包括产卵量、化蛹率、整齐度、抗病力等。每代繁殖量在 250 倍以上为一等虫，每代繁殖量在 150～250 倍为二等虫，每代繁殖量为 80～150 倍为三等虫，每代繁殖量在 80 倍以下为不合格虫种。化蛹病残率小于 5%，羽化病残率小于 10%。

（3）形态鉴定：每种黄粉虫都具有一定的体型、体色、宽度等特征，通过这些特征鉴定可以区别出种的纯度。在形态上表现出其遗传的稳定性，并常常可反映整个种群遗传的稳定性。

2. 选育方法

选择优良品种从中幼虫期开始挑选，一般选择个体大、体壁光亮、行动快、食性强、食谱广的个体，没有受细菌污染，不带农药、禁用药品残留量，并且抗逆性强的虫体，即为优良种源。

在饲养生产过程中还应不断进行细致的选种和专门的管理记录，并将优良品种的繁殖与一般品种的生产繁殖分开。优良品种的繁殖温度应保持在 24～30℃，相对湿度应在 60%～70%。

有时候根据需要驯养种虫，使之具有良好的抗病体质，具体方法是机选一定数量的青壮年幼虫，在以后的生长过程中停止喂药，并在自然温度下养殖，加强抗冻、抗病能力，增强体质。

选好种、留足种即是从长速快、肥壮的老熟幼虫箱中，选择刚羽化的健康、肥壮蛹，用勺（塑料勺最好）舀入捡蛹盒内。选蛹时不能用手捡，未蜕完皮的蛹不要捡，更不要用手剥使之蜕皮，以免伤蛹。不要将幼虫带入盛蛹盘内，刚蜕皮的幼虫和蛹一定要分清。捡蛹时不能用劲甩，以防蛹体受伤。选出的各个蛹种，在解剖镜下辨别雌雄，腹部末端具有乳头状凸起的为雌虫，否则为雄虫，记录数量，计算雌雄比例。选蛹要及时，最好每天选 1～2 次，以防蛹被幼虫咬伤。化蛹期间，箱内的饲料要充足，料温湿度不要过低或过高，否则不利于化蛹。盛蛹盘底要铺一层报纸或白纸，盛上蛹后再盖一层报纸。蛹在盘内不能挤压，放后不能翻动、撞击。挑蛹前要洗手，防止烟、酒、化妆品及各类农药损害蛹体。将蛹送入养殖盘中并做好标记。

当种蛹羽化为成虫时，这时可以在许多成虫中挑选那些大而壮的，把它们单独放置在产卵盒中。收卵时做好标记以避免与其他卵混淆，到幼虫分盒时也不要混淆，因为选种范围就在这其中，从中再选择大的老幼虫做种。并且要年年进行选育，每次经这样提纯，虫子的品质就会越来越好。

（二）杂交繁育

1. 杂交繁育技术

以杂交方法培育优良品种或利用杂种优势称为杂交繁育，前者称为育种性杂交，后者称为经济性杂交。杂交繁育也叫杂交改良。

（1）育种性杂交：杂交可以使黄粉虫的遗传物质从一个群体转移到另一群体，是增加黄粉虫变异性的一个重要方法。不同类型的亲本进行杂交可以获得性状的重新组合，杂交后代中可能出现双亲优良性状的组合，甚至出现超亲代的优良性状，当然也可能出现双亲的劣势性状组合，或双亲所没有的劣势性状。育种过程就是要在杂交后代众多类型中选留符合育种目标的个体进一步培育，直至获得优良性状稳定的新品种。

①改造性杂交：这是以性能优越的品种改造或提高性能较差的品种时常用的杂交方法。具体做法是：以优良黄粉虫品种（改良者）的雄（雌）成虫与低产黄粉虫品种（被改良者）的雌（雄）成虫交配，所产杂种一代雌成虫再与该优良黄粉虫品种雄成虫交配，产下的杂种二代雌成虫继续与该优良品种雄成虫交配，按此法可以得到杂种三代及四代以上的后代。当某代杂交黄粉虫表现最为理想时，便从该代起终止杂交，以后即可在杂交雌雄成虫间进行横交固定，直至有新品种。

②改良性杂交：这种杂交的目的只是克服种群的个别缺点，不根本改变原品种的生产方向及其他特征和特性。当某一品种具有基本上能够满足市场需要的多方面的优良性状，但还存在个别的较为显著的缺陷或在主要经济性状方面需要在短期内得到提高，而这种缺陷又不易通过本品种选育加以纠正时，可利用另一品种的优点采用导入杂交的方式纠正其缺点，而使黄粉虫性能趋于理想。回交、导入杂交的特点是在保持原有品种主要特征特性的基础上通

过杂交克服其不足之处，进一步提高原有品种的质量而不是彻底改造。

③育成杂交：通过杂交来培育新品种的方法称为育成杂交，又叫创造性杂交。它是通过两个或两个以上的品种进行杂交，使后代同时结合几个品种的优良特性，以扩大变异的范围，显示出多品种的杂交优势，并且还能创造出亲本所不具备的新的有益性状，提高后代的生活力，增加体长、体重，改进外形缺点，提高生产性能，有时还可以改善引入品种不能适应当地特殊自然条件的生理特点等。

（2）经济性杂交：经济性杂交也叫生产性杂交，是采用不同品种间的雌雄成虫进行杂交，以提高后代经济性能的杂交方法。经济性杂交可以是生产性能较低的雌（雄）成虫与优良品种雄（雌）成虫杂交，也可以是两个生产性能都较高的雌雄虫之间的杂交。无论哪一种情况，其目的都是为了利用其杂交优势，提高后代的经济价值。

①简单经济性杂交：即两个品种之间的杂交，所产杂种一代全部用作商品黄粉虫，无论雌雄黄粉虫成虫均不留作繁殖种用。其目的在于利用杂种优势提高经济效益，利用此法以提高黄粉虫的生产性能，利用品种间的杂交组合所产生的杂交后代，黄粉虫幼虫在体长、体重、适应性、抵抗力等方面均具有明显的杂种优势，生产性能一般比单一品种高 15％左右。比饲养一般黄粉虫成本降低 30％左右。

②复杂经济性杂交：即用三个或三个以上品种进行杂交，杂交后代全部用作商品黄粉虫，也不得留作种。如三

个品种黄粉虫作经济性杂交时，甲品种与乙品种黄粉虫杂交后产生杂种一代，其雌（雄）成虫再与丙品种雄（雌）成虫杂交，所产生的杂种二代，黄粉虫幼虫全部作商品出售。

2. 黄粉虫、黑粉虫杂交繁育实践

在野外以及黄粉虫、黑粉虫混养的养虫箱中，发现了杂交品种，即有大量的既黄又黑的幼虫出现。这种"杂交"品种生命力强，生长速度快。因此有可能以黄粉虫与黑粉虫杂交，产生新的杂交品种，以解决黄粉虫品种退化的问题。根据遗传互补原理，在亲本选配上挑选健康强壮的黄粉虫、黑粉虫优势个体，通过杂交后代得到互补。由于黄粉虫具有生长快、繁殖率高、蛋白质含量高等特点，而黑粉虫生长周期长、饲养成本高、营养成分比较全面，将黄粉虫与黑粉虫进行杂交育种，以期获得生长发育较快、繁殖系数高并且营养丰富的杂交后代。

经过试验观察，黄粉虫与黑粉虫的杂交后代表现出一定的性状分离。从外部形态上来观察，黄（♀）×黑（♂）的杂交后代中黄粉虫的比例偏大，虫口数量远远大于杂交后代虫口总量的一半；黑（♀）×黄（♂）的杂交后代中黑粉虫的比例偏大，虫口数量大于杂交后代虫口总量的一半。黄粉虫、黑粉虫杂交后代中分离类型多，既可建立像黄粉虫或像黑粉虫品系，也可建立像它们的中间型品系，从而选出优势种，有助于严格进行杂交后代选育。

杂交后代中黄粉虫的个体生长较快，个体较大，与正常个体差异显著，比较后代中不同表现型的个体，选出优势个体，及时留种，将这些变异个体的遗传性状逐步稳定下来。杂交后代的蛹个体较大，在幼虫期表现为黑粉虫的杂交种化蛹较早，蛹体较宽，而且成虫的性状表现介于黄粉虫与黑粉虫之间，鞘翅的颜色不是很黑，也不是褐色，亮泽适中。而且幼虫期表现为黑粉虫的杂交个体在成虫期部分表现出接近于黄粉虫的特征。进一步的杂交试验还有待于继续研究。但是结果也显示，黄粉虫与黑粉虫杂交出现了杂交优势，可以作为经济性杂交予以利用，是否能够培育杂交新品种值得进一步探讨。

实践证明：黄粉虫品系间杂交，并不是所有的指标均是杂交结合具有优势。杂交 1 代在个体大小、繁殖率、抗逆性等方面表现极大的优势，而在油脂含量及耐低温的特性方面则不及亲本优良，有些杂交 1 代蛋白质含量也略低于亲本，可通过回交育种法，将亲本蛋白质含量的优良性状转移到杂交后代中，这将可能得到一个更理想的杂交组合。总之，根据黄粉虫不同的育种目标，要合理选择样本。同时也发现，通过黄粉虫体色来确定品系是可行的，也就是说黄粉虫的体色与其主要的经济性状关系密切。

3. 杂交繁育中需注意的问题

根据我国多年来杂交改良的实际情况及存在问题，为进一步达到预期的改良效果，还需注意以下问题。

（1）不同种群间的杂交效果差异很大，最后必须通过配合力测定（杂交后效果）才能确定，也就是说并不是不同种群间杂交就一定有优势。

（2）对杂交黄粉虫的优劣评价要持以科学态度，特别
应注意杂交黄粉虫的营养水平对其的影响。良种黄粉虫有
时需要较高的营养水平以及科学的饲养管理方法才能取得
良好的改良效果。

第 **5** 章
饲养管理

在黄粉虫的养殖过程中，掌握好养殖技术和管理措施十分重要，它关系到黄粉虫繁殖的速度、虫体质量、经济效益等问题。

大量的生产实践表明，要养好黄粉虫，饲养管理人员非常重要。这是因为黄粉虫养殖是一项技术性工作，日常工作较繁杂，这就要求饲养管理人员对工作积极负责，才能做好这项工作。

首先要对黄粉虫饲养管理人员进行专业知识和管理技能的培训。通过培训，一能提高认识，树立信心；二是使管理人员熟悉黄粉虫饲养的每一个环节所需要注意的有关问题，熟练掌握基本操作技术。

饲养管理人员应经常进行观察，要肯花工夫，细致认真，及时发现问题，及时采取有效措施进行解决。观察工作包括看黄粉虫的生活环境情况，比如温度、湿度、光照、通风等情况，如果有不适应应立即纠正；看黄粉虫饮食情况，饲料的吃食情况，是否剩余，是否有变质饲料，粪便是否多了；看黄粉虫的健康状况，看体色是否正常，行动是否敏捷，进食是否正常，粪便是否正常。

黄粉虫的饲养工作具有长期性和连贯性，只有在饲养过程中不断吸取教训，总结经验，从中找出规律性的东西，才能使技术水平得到提高，从而再应用到黄粉虫饲养的实践中，使得黄粉虫养殖获得更好的效果和较好的效益。数据是总结的依据，它主要来源于饲养管理人员在饲养管理工作中的详细真实记录。

总之，黄粉虫的养殖要按计划进行，各龄的虫数量都要有记录，才能保证黄粉虫养殖的成功。

一、各虫期管理

黄粉虫是一种全变昆虫，有成虫、卵、幼虫、蛹四种虫态。各个虫态对环境的要求不同，所以对饲养的要求也各异。

（一）成虫期管理

成虫一般不作为种虫出售，选留种成虫主要是满足养殖户自己繁殖的需要。成虫饲养的任务是为了使成虫产下尽量多的虫卵，繁殖更多的后代，扩大养殖种群。因此，饲养管理的重点是保持成虫旺盛的生命力，以获得最大的产卵量。

黄粉虫的成虫为雌雄异体，由蛹羽化而来。在良好饲养管理条件下，一般成虫寿命为 50～160 天，产卵期 100 天左右。每次产卵 5～15 粒，一生产卵 350 粒左右，产卵量的多少与饲料配方及管理方法有关。在繁殖期，成虫不停地摄食、排粪、交配、排精与产卵。因此，按照生产要求选好种，留足种，提供优良生活环境与营养，以保证多产卵，提高孵化率、成活率及生长发育速度，达到高产、降低成本的目的。

1. 蛹的收集

用来留种的幼虫，应进行分群饲养。到 6 龄时幼虫长到约 30 毫米时，颜色由黄褐变淡，且食量减少，这是老熟幼虫的后期，会很快进入化蛹阶段。老龄幼虫化蛹前四处扩散，寻找适宜场所化蛹。蛹期为黄粉虫的生命危险期，容易被幼虫或成虫咬伤。幼虫化蛹时，应及时将蛹与幼虫分开。分离蛹的方法有手工挑拣、过筛选蛹等办法，少量的蛹可以用手工挑拣，蛹多时用分离筛筛出。

黄粉虫怕光，老熟幼虫在化蛹前 3～5 天行动缓慢，甚至不爬行，此时在饲养盘上用灯光照射，小幼虫较活泼，会很快钻进虫粪或饲料中，表面则留下已化蛹的或快要化蛹的老熟幼虫，这时可方便地将其收集到一起。

化蛹初期和中期，每天要捡蛹1～2次，把蛹取出放在羽化箱中，避免被其他幼虫咬伤。化蛹后期，全部幼虫都处于化蛹前的半休眠状态，这时就不要再捡蛹了，待全部化蛹后，筛出放进羽化箱中。

2. 羽化

（1）成虫的分拣：移入羽化箱中蛹每盘放置6000～8000只，并撒上一层精料，以不盖过蛹体为度。初蛹呈银白色，逐渐变成淡黄褐色、深黄褐色。调节好温度、湿度，以防虫蛹霉变。一般蛹7天以后羽化为成虫，5～6天后在蛹的表面盖上一块湿布（最简便的是用一张报纸），绝大部分成虫爬在湿布和报纸下面，部分会爬在报纸上面。由于同一批蛹羽化速度有差异，为防早羽化的成虫咬伤未羽化的蛹体，每天早晚要将盖蛹的湿布轻轻揭起，将爬附在湿布下面的成虫轻轻抖入产卵箱内。如此经2～3天操作，可收取90%的健康羽化成虫，成虫很快被分拣出来。

羽化后的成虫移入产卵箱后要做好接卵工作。每个产卵箱养殖的成虫数因箱的大小而不同，一般按每平方米0.9～1.2千克的密度放养，即每平方米产卵箱是2000～3500头成虫。密度大固然能提高卵筛的利用效率和产卵板上卵的密度，但是能量消耗增加甚至同类相食，密度过大时造成成虫个体间的相互干扰，成虫争食、争生活活动空间，引起互相残杀，容易造成繁殖率下降；但密度过小时也会浪费空间和饲料，投放雌雄成虫的比例一般为1∶1为宜。

在投放成虫前，在产卵箱上铺上一层白菜叶，使成虫分散隐蔽在叶子下面，如果温度高、湿度低时多盖一些，蔬菜主要是提供水分和增加维生素，随吃随加，不可过量，以免湿度过大菜叶腐烂，降低产卵量。

成虫产卵时多数钻到饲料底部，伸出产卵器穿过铁丝网孔，将卵产在产卵板上。因此产卵板要先撒上厚约1厘米的麦麸后放在卵筛下面接卵，一般每5～7天更换一次。

（2）喂养：在饲料投喂量上，要量少勤投，一般至少每1天投喂1次，5～7天换一次饲料品种。在饲喂时，先在卵筛中均匀撒上麦麸团或面团，再撒上丁状马铃薯或其他菜茎，以提供水分和补充维生素，随吃随放，保持新鲜。羽化后1～3天，成虫外翅由白变黄渐变黑，活动性由弱变强，此期间可不投喂饲料。羽化后4天，逐渐进入繁殖高峰期，每天早晨投放适量全价颗粒饲料。成虫在生长期间不断进食不断产卵，所以每天要投料1～2次，将饲料撒到叶面上供其自由取食。精料使用前要消毒晒干备用，新鲜的麦麸可以直接使用。

（3）注意事项：成虫最初为米黄色，其后浅棕色→咖啡色→黑色。

①羽化的成虫应及时挑拣，否则成虫会咬伤蛹。

②刚羽化的米黄色成虫不能与浅棕色、咖啡色、黑色成虫放一起，更不能相互交错叠放，最好同龄的成虫放在

一起。因为颜色没有发黑的成虫并未达到性成熟，黑色成虫和其他颜色成虫羽化后的成虫强行交尾产卵之后孵化的幼虫发病率高、死亡率高，不能作种虫用。

③留种虫应在产卵高峰期能嗅到卵散发一种刺鼻的气味时，这种卵留作种虫最好。

3. 产卵

每盒产卵盘放进1500只左右（雌、雄比例1∶1）成虫，成虫将均匀分布于产卵盘内。如前所述，成虫产卵时大部分钻到麸皮与纱网之间底部，穿过网孔，将卵产到网下麸皮中，人工饲养即是利用它向下产卵的习性，用网将它和卵隔开，杜绝成虫食卵。因此，网上的麸皮不可太厚，否则成虫会将卵产到网上的麸皮中。成虫产卵盒一般放在养殖架上，如果架子不够用也可纵横叠起，保留适当空隙。卵的收集主要根据饲养的成虫数量、成虫的产卵能力、环境的温度湿度情况而定。一般情况下是2～3天收集一次，成虫在产卵高峰期且数量多、温度湿度最适宜时，可以每天收集一次。收集时必须轻拿轻放，不能直接触动卵块饲料，次序是先换接卵纸，再添加饲料麦麸。同一天换下的产卵纸和板可按顺序水平重叠在一起放入养殖箱中标注日期，一般以叠放5～6层为宜，不可叠放过重以防压坏产卵纸或板上的卵粒，并在上面再覆盖一张报纸。每次更换的接卵纸或板要分别放在不同的卵盒中孵化，以免所出的幼虫大小不一，影响商品的质量与价格。

在冬季升温时，整个饲养室内上下的温度是不一致的，一般是上面温度高，下面温度低。因为虫卵在孵化时需要较高温度，在低温下不孵化。养殖户若没有专门的高温孵化室，为满足虫卵对温度的要求，可将卵盒放在铁架最上层孵化，而将成虫、蛹、幼虫放在中下层。实践证明，这种管理方法较为科学，因为虫卵在等待孵化时容易破碎，禁止频繁移动（最好不要移出卵盒），而虫卵也不需要投食喂养，放在高层较好。

但为了便于管理，一定要在卵盒外用纸写上接卵日期，这样可及时观察虫卵孵化情况，做到心中有数。

在夏季多雨季节，因湿度大、温度低麦麸容易变质，导致虫卵霉烂坏死，有时甚至会出现大面积死亡，造成经济损失。另外在湿度大时，麦麸还容易孳生螨虫，噬咬虫卵。因此，在空气湿度大时接卵，最好直接用干麦麸铺底，不添加水分。而在干燥季节，可在饲料上盖一层菜叶。在夏季高温高湿季节时，为防止虫卵霉烂变质，可将虫卵放在温度稍低的支架低层或中层，还要搞好饲养室的通风透气。

4. 日常管理

（1）在虫态管理上，因成虫和幼虫形态不一样，活动方式不一样，对饲料要求也不一致，一定不要混养，以免干扰其产卵，影响产量。更不要与蛹混放在一起，以免成虫食卵，造成经济损失。

（2）成虫在生长期间不断进食不断产卵，在成虫饲料质量差时，成虫取食浮在隔离表面的集卵饲料，因此，成虫的饲料要营养全面，口味要合适。

（3）在饲料配方上，要给予蛋白质含量较高的配方，且要经常变换饲料品种，做到营养丰富和全面，提高产卵量。刚羽化的成虫虫体较嫩，抵抗力差，不能吃水分多的青饲料，而且由于成虫的口器不如幼虫的口器坚硬有力，因此成虫最好用膨化饲料或较为疏松的复合饲料。成虫饲料应撒放在产卵网上供其自由取食，不能成堆或集中投放，否则雌虫会将卵产在饲料中，很快就会被成虫吃掉。必要时还应加入葡萄糖或蜂王浆，促进其性腺发育，延长成虫寿命，增加产卵量。

（4）在疾病预防上，要预防成虫出现干枯病或软腐病。

（5）提供适宜的温度湿度。成虫期所需适宜温度为25～33℃，湿度55％～85％，饲料湿度10％～15％，若用颗粒料，则青饲料也要适量。实践证明，在此期间，若投喂青饲料太多，会降低其产卵量。

（6）成虫在繁殖期内，因种种原因会死亡一部分。对自然死亡的成虫，一般不会腐烂变质，所以不必挑出，可让其他活成虫啃食，这样不仅可弥补活成虫的营养，也节省了大量人工，但也要保持一定的成虫数。应随时补充成虫的数量，在产出的商品虫中挑选活动迅速、个体大的虫补充。但是若死亡较多时，应该及时把成虫死虫挑拣出来。

①取来收集成虫的死虫箱打开，要用两个产卵箱（为与下面提到的产卵箱区别，这里特称产卵纱网箱）。

②把一个产卵纱网箱扣在产卵箱上，手抓住两箱两端之后翻转过来，大部分活动虫爬在产卵箱底部的纱网上，

部分活动虫和死虫掉在纱网箱中。

③把另一个产卵纱网箱扣在这个纱网箱上，以上述②的操作方法反复 2 次，死虫很快挑出。

④把爬在产卵纱网箱上的活动虫收到产卵箱里，这种方法省时又省力。

（7）成虫是黄粉虫四个世代中活动量最大、爬行最快的虫期，此期的防逃工作极为重要。据观察，由于成虫的攀爬能力较强，绝大部分饲养户未能彻底解决这个问题，总是有成虫不断逃出产卵筛外，侵入接卵盒中取食虫卵。为防止成虫外逃，饲养种成虫时要经常检查种虫箱，及时堵塞种虫箱孔及缝隙，保持胶带的完整与光滑，从而保持产卵筛内壁的光滑无缝，使成虫没有逃跑的机会。经过多年的驯化，大部分成虫应该已经没有腾飞的能力，但是还是有个别的成虫有这个能力，若是防逃，可以在饲养盘顶部用透气的塑料纱窗做成网罩盖子盖住。

（8）除粪：因成虫的卵混在饲料里，所以成虫的粪便如果不是太厚，一般不需清理。如果发现粪便过多需要清理，可将筛下的粪便集中在一个盘内，这样还可以培养出一批虫。废弃的虫粪是鸡鸭的好饲料，也可作肥料。

（9）在时间管理上，在产卵筛上要标注成虫入筛日期，以掌握其产卵时间和寿命的长短。蛹羽化为成虫后的 2 个月内为产卵盛期，在此期间，成虫食量最大，每天不断进食和产卵，所以一定要加强营养和管理，延长其生命和产卵期，提高产卵量。2 个月后，成虫由产卵盛期逐渐衰老死亡，剩余的雌虫产卵量也显著下降，3 个月后，成虫完全失去产卵能力。因此，一般种成虫产卵 2 个月后，为提高种虫箱及空间的利用率，并提高孵化率和成活率，不论其是否死亡，最好将全箱种虫淘汰，以新成虫取代，以免浪费饲料、人工和占用养殖用具。

（二）黄粉虫幼虫管理技术

1. 卵的收集

（1）养殖箱集卵：打开产卵箱，产卵箱由两个箱子组合而成，一个是产卵纱网箱，另一个是养殖木箱。在养殖木箱底部铺上等大小报纸（其他纸张也可以）。将产卵纱网箱套插在木箱上放好，将细小饲料或麸皮倒在纱网箱内，用刷子把饲料、麸皮铺平，而且全部铺在产卵纱网箱下的养殖箱报纸上，饲料、麸皮厚度以 4 毫米为宜。将成虫倒入产卵纱网箱内，这时成虫食用块状食料。补充水分时，把白菜、瓜果类切成条状放入，并留出合适空间，迫使成虫把卵产在纱网下的麸皮内，预防成虫食用或破坏卵。收卵时，提走产卵纱网箱，然后提起木箱底部报纸两端，把卵纸放在养殖箱内展平。1 个养虫箱可放置 5～6 层卵纸。

（2）接卵板集卵：成虫的接卵盒可以按常规方法制作，在接卵时所不同的是以硬质不变形的产卵板代替养殖箱进行接卵。产卵板一般用三合纤维板裁剪成，大小尺寸应略大于卵筛或基本相同。产卵板上垫一张同等大小的旧报纸或白纸，在产卵箱铁丝网与旧报纸间均匀撒满麸皮，在铁丝网上放些颗粒饵料和叶菜，这样才能使成虫把卵产在纸上而不至于产在饲料中。用接卵板接卵，可减少养虫盒的用量，减少器具，节约成本，但是要注意接卵板与养殖箱之间不要留空隙，以免板上的卵和饲料从缝隙中掉出来，所以选择的三合板要硬质而且不变形。因为黄粉虫雌虫产卵时将产卵器伸至网下约 0.5 厘米处。为了方便雌虫将卵产在幼虫饲料中，应该注意网上的成虫饲料不宜过多，网下要放 1 厘米厚的幼虫饲料。

同一天换下的产卵板可按顺序水平重叠在一起放入孵化箱或幼虫木盒中标注日期，一般以叠放 5~6 层为宜，不可叠放过重以防压坏产卵板上的卵粒。有卵粒的产卵板在适宜温度下放置 6 天左右待卵将要孵出幼虫时，把产卵板上的幼虫连同麦麸一起轻轻刮下，盛放于幼虫饲养盘中进行正常饲养。每次取卵后，重新铺上产卵板，将原饲料和成虫放回，让它们继续产卵，同时适当给成虫添加青料和精料，及时清理废料或蛹皮。

2. 卵的孵化

将接卵纸置于另一个饲养盘中，做成孵化盘。先在饲养盘底部铺设一层废旧纸张（报纸、纸巾纸、包装用纸等），上面覆盖 1 厘米厚的麸皮，其上放置第一张接卵纸。在第一张接卵纸上，再覆盖 1 厘米厚麸皮，中间加置 3~4 根短支撑棍，上面放置第二张接卵纸。如此反复，每盘中放置 4 张接卵纸。将孵化盘置于孵化箱中，在适宜的温度和湿度范围内，6~10 天就能自行孵出幼虫。

黄粉虫卵的孵化受温度、湿度的影响很大，温度升高，卵期缩短；温度降低，卵期延长。在温度低于15℃时卵很少孵化；在温度为25~32℃、湿度为60%~70%、麦麸湿度15%左右时，7~10天就能孵化出幼虫。放置卵箱的房间，温度最好保持在25~32℃，以保证卵能较快孵化和达到高孵化率。幼虫刚孵出时，长0.5~0.6毫米，呈晶莹乳白色，可爬行，1天后体色变黄。口器扁平，能啃食较硬食物。幼虫与其他虫态不一样，有蜕皮特性，一生要蜕皮十多次，关于幼虫的分龄，目前还没有统一的说法，一般认为13~18龄。其生长发育是经蜕皮进行的，约1个星期蜕1次皮。幼虫的生长速度和幼虫期的长短主要取决于温度、湿度和饲料三要素。在温度湿度适宜的情况下，幼虫蜕皮顺利，很少有死亡现象。刚孵出的幼虫为1龄虫，蜕第1次皮后变为2龄幼虫。刚蜕皮的幼虫全身为乳白色，随后逐渐变黄。经60天7次蜕皮后，变为老熟幼虫。老熟幼虫长20~30毫米，接着就开始变蛹。其生长期为80~130天，在温度24~35℃，空气相对湿度55%~75%，在投喂粮食与蔬菜的情况下，幼虫期120天左右。

为便于饲养管理，通常根据幼虫的发育时期和体长将黄粉虫幼虫划分为三个阶段：0~1月龄，身长0.2~0.5厘米的幼虫称为小幼虫；1~2月龄，身长0.6~2厘米的幼虫称中幼虫或青幼虫；2~4月龄，身长29~3.5厘米幼虫称为大幼虫；化蛹前的幼虫称为老熟幼虫。

3. 合理的饲养密度

黄粉虫幼虫喜欢群居，在幼虫孵化后生长1个月这段时间内，高密度的幼虫比低密度的幼虫的体重增长快一些，当幼虫长到 1 个月后，它们的增长速度没有太大区别。实践证明，密度大，幼虫发育期变长。饲养密度过大和过小，都会影响幼虫的活动和取食。密度过大时，幼虫互相摩擦易造成群体内部的温度急剧升高，管理上稍有疏忽便会出现大量的死亡；密度过小时幼虫生长减慢。所以，保持适宜的饲养密度非常重要。

当然，多大的密度才是拥挤密度，才会对黄粉虫幼虫生长带来负面的影响还没有明确的定论。确定幼虫密度的标准有两种：一种是幼虫的最适宜生长密度取决于每虫所能分摊到的饲料量，幼虫的最大密度定在 20 只/克饲料，或应维持饲料与虫体比重不小于 8。另一种是以饲养面积来确定幼虫饲养密度，8～13 龄以上幼虫密度以每平方厘米 10 只、厚度 2 厘米为宜，实践证明 3 龄后幼虫密度为每平方厘米 0.5 头时的增长速度最快且发育期缩短。因此，幼虫的饲养密度应保持适当的水平，过高或过低均不利于幼虫的生长发育，一般每个饲养盘养殖幼虫 1～2 千克。但是，黄粉虫高龄幼虫成活率随密度增高而下降，因而在高龄幼虫期间应降低幼虫的密度。

4. 黑死虫的挑拣

黄粉虫幼虫由于患病等原因，会出现一些黑死虫，这些虫要及时挑拣出来，以防传染其他黄粉虫。

（1）微风分拣法：将养虫箱放在微风处，黄粉虫喜好聚集生活，根据这一特点，幼虫常群聚活动，黑死虫被自然选出。操作时右手拿刷子，左手拿纸板，将黑死虫扫到纸板上移出。

（2）灯泡分拣法：幼虫箱上方吊一个灯泡，将幼虫放在灯泡正下方。因幼虫惧怕光和热，会自动散离四周，灯泡近处剩下黑死虫。

（3）虫粪分拣法：把幼虫放在虫粪上，再将虫箱摆放在强光下，活动虫迅速钻入虫粪，死虫在虫粪表面。

5. 幼虫的日常管理

在幼虫的养殖过程中，掌握好养殖技术和管理措施十分重要，它关系到幼虫生长的速度、虫体质量、经济效益等问题。

（1）小幼虫的管理：黄粉虫卵孵化时，小幼虫头部先钻出卵壳，刚孵出时，体长约2毫米。它啃食部分卵壳后爬出卵外并爬至孵化箱饲料内，以原来铺的饲料为食。此时应去掉接卵纸，将麦麸连同小幼虫抖入养殖箱内饲养。用放大镜就可以清楚地观察到成堆的幼虫比较活跃，吃得猛，生长也显得快，因此同一批小幼虫可多一些放在同一个箱内饲养。长到4～5毫米时，体色变成淡黄，停食1～2天便进行第1次蜕皮。蜕皮后呈乳白色，约2天又变成淡黄色。一般每7天左右蜕皮1次。1个多月内经5次蜕皮后，逐渐长大成为中幼虫，体长0.6～2厘米，体重为0.03～0.06克。小幼虫因身体小，体重增长慢，耗料也少。

将幼虫留在养殖箱中饲养。有卵粒的产卵板在适宜温度放置6天左右待卵将要孵出幼虫时，把产卵板上的幼虫连同麦麸一起轻轻刮下，盛放于养殖箱中进行正常饲养。3龄前一般不需要添加混合饲料，原来的饲料已够食用。小幼虫耗料虽少，但孵出后还应注意原来的饲料是否供给足够，如果不够要及时添加，否则小幼虫会啃食卵和刚孵出的幼虫。该期间饲养管理较简单，主要是控制料温至 24～32℃，空气相对湿度为 60%～70%，经常在麦麸表皮撒布少量菜碎片，也可适量均匀喷雾在饲料麦麸表面，将厚约 1 厘米的表层麦麸拌匀，使其含水量达 17% 左右。当麦麸吃完，均变为微球形虫粪时，可适当再撒一些麦麸。当到达 1 月龄成为中幼虫时可用 60 目筛网过筛，筛除虫粪后将剩下的中幼虫进行分箱饲养。

在室温不高时，小幼虫出现死亡主要是因为养虫箱内小幼虫数量太多，因虫子运动常使料温高于室内空气温度。有的养殖户不了解这点，当室温控制在 32℃ 时，料温却超过 35℃，造成小幼虫环境温度过高而抑制生长发育，甚至造成大批幼虫死亡。因此，温度控制必须以料温为准，以防止小幼虫出现高温致死现象。

饲料在加工时，可先将各种饲料及添加剂混合并搅拌均匀，然后加入 10% 的清水（复合维生素可加入水中搅匀），拌匀后再晾干备用。对于淀粉含量较多的饲料，可先用 65% 的开水将其烫拌后再与其他饲料拌匀，晾干后备用，但维生素一定不能用开水烫。饲料加工后含水量一般不能过大。此期要加强管理，创造较高的经济效益。此期在饲养管理上应做到以下几点：

①当肉眼能看清幼虫体型时，要进行加温、增湿，促

使其生长发育。升温可采取加大密度方法。增湿是定时（每天数次）向饲养箱喷雾洒水，但量要小，不能出现明水，在饲料中加大水分也能增湿。

②给幼虫补充投喂营养丰富的饲料，并给予适量青饲料。

③大小幼虫分开饲养，以免发生互残现象。

（2）中幼虫的管理：黄粉虫中幼虫是幼虫生长发育加快，耗料与排粪增多的阶段。经过1个多月的饲养管理，中幼虫经第5～8次蜕皮，到2月龄时成为大幼虫，体长可达2厘米以上，个体重0.07～0.15克，其体长、体宽、体重均比中幼虫增加1倍以上。此期在饲养管理上应做到以下几点：

①虫群内温度控制在24～32℃，空气湿度为55％～75％，饲养室内黑暗或有散弱光照即可。

②每天晚上投喂麦麸、叶菜类碎片1次，投喂量为中幼虫体重的10％左右，但也要视虫子的健康和温度湿度条件等灵活掌握。喂养青饲料要根据气温而定，气温高多喂，气温低少喂。投喂时间一般在傍晚，因晚上活动强烈，是觅食的最佳时间。

③每2～4天用40目筛子筛除虫粪1次最合理，然后投喂饲料。

④中幼虫长成大幼虫后，要进行分箱饲养。

（3）大幼虫的管理：大幼虫摄食多，生长发育快，排粪也多。饲养厚度宜在1.5厘米左右，一般不得厚于2厘米。当蜕皮第13～15次后即成为老熟幼虫，摄食渐少，不久则化为蛹。当老熟幼虫体长达到 22～32 毫米时，体重即达最大值（0.13～0.24 克）。这时的老熟幼虫是用于商品虫的最佳时期。

大幼虫日耗饲料约为自身体重的 20% 左右，日增重 3%～5%，投喂麦麸等饲料与鲜菜可各占一半。因此，在大规模饲养大幼虫期间，应该大量供应饲料及叶菜类，及时清除虫粪。此期饲养管理的要求如下所述：

①控制料温在 24～32℃，空气湿度 55%～75%。

②根据大幼虫实际摄食量，充分供给麦麸及叶菜类碎片，基本做到当日投料，当日吃完，粪化率达 90% 以上。

③每 3～5 天用 20 目筛子筛粪 1 次最合理，不能筛得过频或过少。筛粪的同时用风扇吹去蜕皮。

④大幼虫喜摄食叶菜类。这类青饲料含水较多，但投喂量不能过多且要求新鲜，否则可能导致虫箱过湿而使虫沾水死亡，或者染病而死。

⑤当出现部分老熟幼虫逐渐变蛹时，应及时挑出留种，避免幼虫啃食蛹体。

⑥防止大幼虫外逃或天敌入箱为害，预防大幼虫发生农药或煤气中毒。

⑦黄粉虫生长到化蛹前的预蛹时期，对水分的需求有一个骤然下降的过程，此时应及时控制饲料的水分以及青饲料的供给，同时也要注意在较高湿度条件下的防病。

（4）选择种虫：选择优质黄粉虫良种是提高成活率、孵化率、化蛹率、羽化率和产卵量以及延长产卵期、促进高产、缩短繁殖周期、降低饲料消耗的关键和基础。

经过细心挑选和饲养的各期虫，都可以做种虫繁殖，但以成龄幼虫做种虫为较好。优良的种幼虫生活能力强，不挑食，生长快，个体大，产卵多，饲料利用率高。在初次选择虫种时，最好向有国家科技部门或农业部门授权育种的单位购买。以后可自行培育虫种，每养 4~5 代更换 1 次虫种。选择种幼虫应注意以下几点：

①个体大：一般可采用简单称量的方法，即计算每千克重的老熟幼虫头数。幼虫以每千克重 3500~4000 只为好，即虫子个体大。一般的幼虫每千克重为 500~6000 只，这种重量的幼虫不宜留作种用。

②生活能力强：幼虫爬行快，对光照反应强，喜欢黑暗。常群居在一起，不停地活动。把幼虫放在手心上时，会迅速爬动，遇到菜叶或瓜果皮时会很快爬上去取食。

③形体健壮：虫体充实饱满，色泽金黄，体表发亮，腹面白色部分明显，体长在 30 毫米以上。

除直接选择专门培育的优质虫种外，在饲养过程中繁殖虫种也应经过选择和细致的管理。繁殖用虫种的饲养环境温度应保持在 24~30℃，相对湿度应在 60%~75%。繁殖用虫种的饲料应营养丰富，组分合理，蛋白质、维生素和无机盐充足，必要时可加入适量的葡萄糖或蜂王浆，以促进其性腺发育，延长生殖期，增加产卵量。成虫雌雄比例以 1:1 较合适。若管理得好，饲料好，可延长成虫寿命。优良的虫种在良好的饲养管理下，每头雌成虫产卵量可达 500 粒以上。

（三）黄粉虫蛹管理技术

蛹由老熟幼虫变化而来。当幼虫长到 60～80 天后，老熟幼虫爬到饲料表层蜕皮化蛹，一般裸露于饲料表面。黄粉虫蛹的发育期明显受光照和温度的影响，随着温度的上升，黄粉虫蛹发育期缩短，在完全黑暗条件下，黄粉虫蛹发育期延长。一定的弱光条件、变温环境和适宜的空气湿度能缩短黄粉虫蛹发育期，促使羽化时间提前。

选留种成虫要从幼虫开始。从老熟幼虫中选择刚化出的健康肥壮蛹，用手轻捡轻放入孵化箱。选蛹时切勿用力捏，以防捏伤。选蛹要及时，应在化蛹后 8 小时内选出，以防被幼虫咬伤。每个孵化箱可选放虫蛹 1～2 千克，约在 0.5 平方米的箱内选放 5000～10 000 只，均匀平铺在箱底麦麸上，切勿堆积成厚层，不能挤压，放后不要翻动、撞击。上盖湿布预防发生干枯病，还要防止各种化学品（如烟、酒、化妆品、药剂等）接触损害蛹体。将蛹箱移入羽化箱后，温度控制在 25～30℃，空气湿度在 65％～75％，7～10 天将有 90％以上的蛹羽化为成虫。

蛹期是黄粉虫的危险期，也是生命力最弱的时期，因为身体娇嫩，不食不动，缺乏保护自己的能力，很容易被幼虫或成虫咬伤。只要蛹的身体被咬开一个极小的伤口，就会死亡或羽化出畸形成虫，不能产卵。因此，绝对不能将蛹与成虫或幼虫混养在一起。目前有手工挑拣、过筛选出、食物引诱、黑布集中、明暗分离等方法。

1. 手工挑拣

此法适宜分离少量的蛹。优点是简便易行，缺点是费时费工，还会因蛹太小，在挑拣时稍微用力即会将蛹捏伤而死，只有经验丰富、手感好的养殖户才可避免出现此弊端。所以，不是很熟练的养殖户，可以用勺（塑料的最好）将蛹舀入捡蛹盘内，注意不要将幼虫一起舀入盘中。首先筛出黄粉虫虫粪，取一个空养虫箱，均匀地撒上一层麸皮；其次，将老熟黄粉虫（种虫）倒在麸皮上，不要用手搅动种虫，让它自由分散活动，然后向箱内撒上零散的青菜。拣蛹时，勿用手在箱内来回搅动，轻轻拣去集中于饲料表层上的蛹，避免对蛹的伤害。

2. 过筛选出

因幼虫身体细长，蛹身体胖宽，放入 8 目左右的筛网轻微摇晃，幼虫就会漏出而分离。此法适宜饲养规模较大时使用。

3. 食物引诱

利用虫动蛹不动的特点，在养虫盒中放一些较大片的菜叶，成虫便会迅速爬到菜叶上取食，把菜叶取出即可分离。

4. 黑布集虫

用一块浸湿的黑布盖在成虫与蛹上面，成虫大部分会爬到黑布上，取出黑布即可分离成虫和蛹。有时也可用报纸等来代替黑布。

5. 明暗分离

利用黄粉虫畏光的特点，将活动的幼虫（或成虫）与不动的蛹放在阳光下，用报纸覆盖住半边虫盒，幼虫马上会爬向暗处而分离。也可利用虫动蛹不动的特性，把幼虫与蛹同时放入摊有较厚虫粪的盒内，用强光（或阳光）照射，幼虫会迅速钻入虫粪中，蛹不能动则都在虫粪表面，然后用扫帚或毛刷将蛹轻扫入簸箕中即可分离。

上述方法也可用于死虫及活虫的分离。育种用蛹应该进行手工挑选，挑选个体大、色泽均一的蛹单独放好，分箱放置并做好标记。选蛹要及时，最好每天选 1~2 次，预防蛹被幼虫咬伤。

将分离出来的蛹平铺放置在空的养虫箱内，将化蛹时间相差不到 5 天的蛹集中存放，可减经分离成虫的劳动量。因蛹皮薄易损，在盒中放置时不可太厚，以平铺 1~2 层为宜，若太厚或积聚成堆就会引起窒息死亡。另外在盒中还要铺上厚约 1 厘米的麦麸。因麦麸比较柔软，既能保护蛹不被损伤，又能为蛹羽化为成虫后提供饲料，减少噬咬其他蛹的机会。

在蛹的整个羽化过程中不要翻动或挤压蛹体。蛹在羽化时对温度、湿度要求较为严格。若温度、湿度不合适，可以造成蛹期过长或过短，增加感染疾病和死亡的可能性。蛹在羽化时所需适宜温度为 25~30℃，空气湿度为 50%~

70％，饲料湿度为 15％左右。若空气或饲料湿度过大，蛹的背裂线不易开口，成虫会死在蛹壳内；若空气太干燥，也会导致蛹不羽化或体能代谢消耗水分而逐渐枯死。除了夏季多雨季节外，蛹死亡的原因多为干枯病所致。因此，一定要做好蛹的保湿工作。

黄粉虫蛹期虽然不吃不动，但仍在呼吸和消耗体内水分，故仍需置于通风干燥处，不能放在封闭的容器里，而且要在保湿的环境中，但是不能封闭和过湿，以免蛹腐烂成黄黑色。若在南方炎炎夏季，蛹皮更容易干枯而患干枯病而死。因此，平时除了将蛹置于湿润的环境外，还可采取以下两种保湿方法：

①喷水保湿：若饲养室内湿度太低，可将蛹适当翻动，用水壶喷洒少量雾状水滴，以保持蛹皮湿润，降低枯死病。

②盖布保湿：将薄棉布浸湿后拧干，盖在虫蛹上能有效地保湿，1～2 天后待布干了进行更换。实践证明这是一个简便有效的保湿方法，能显著减少虫蛹枯死。采取这种方法的注意事项是布不要太厚，水分一定要拧干，否则会因不透气导致蛹窒息死亡。

一般在 25～32℃的条件下，经 7～10 天 90％的蛹羽化为成虫。因羽化时间先后不一致，化蛹不及时挑出易被幼虫咬伤死亡，先羽化的成虫会咬食未羽化的蛹，需要每天把爬附在盖布（或报纸）上刚羽化的成虫抖入另一铺报纸的筛盘中，尽快进行蛹虫分离。挑出的成虫，最好每 2 天放入一盘，使其同步发育繁殖，方便管理。

二、黄粉虫不同
季节的饲养管理

随着不同季节气温的变化，黄粉虫的管理方法也不同，如天气温度高，幼虫生长旺盛，要有充足水分，因此必须多喂含水分多的青饲料，要注意通风降温。冬季需要减少喂青饲料，要防寒保温等。

（一）春季管理

春季我国大部分地区降雨量增大，空气湿润，昼夜温度相差悬殊。而黄粉虫的养殖最关键的也就是温度和湿度，因此黄粉虫的养殖管理在春季是关键。要做好温度和湿度的控制，要保持温度在22℃以上，白天气温高时要开窗通风，夜晚要加温。温湿表放置的位置应合适，不要太高或太低，一般放在1米高的地方为宜。50平方米以上的房子要放置2个温湿表，这样测出的温度、湿度比较准确。

1. 成虫

成虫期的管理在黄粉虫的整个养殖过程中是较容易的，它不需太多的技术含量，在平时只要有充足的饲料就能正常生长和产卵。而在春季由于湿度和昼夜温差，如果管理不好，则会减少产卵率，甚至产出的卵成活率低。因此成虫的管理要注意以下几个方面的问题：

（1）饲料不要太湿，要比夏季的稍干，以攥不成团为宜。

（2）根据湿度的大小来增减喂菜叶的次数。湿度大时一般喂菜叶的间隔期为 5 天左右，湿度小时一般喂菜叶的间隔期为 2 天。

（3）湿度过大时产的卵不能成活，容易霉变。在不能通风的情况下，若提高温度，则湿度就会相应减小。

（4）产出的卵要放在加温炉旁（如用暖气、空调可免），但卵盘须放在架子的上五层。

2. 蛹期

（1）春季蛹期的管理是蛹期管理最关键的时期，因蛹是在变化过程中，它没抗御外来危害的能力，如果管理不好会造成大面积死亡。

（2）春季降雨量增大，空气湿润，白昼温度相差悬殊，这几点已构成对蛹的最大威胁，因此蛹期在春季要精心照顾。

（3）春季盛蛹的盘放蛹密度不能过大，以能见盘底密度为宜，并置放在上五层。

（4）对发黑的蛹要及时挑出，以免因过湿感染其他蛹。

3. 幼虫

（1）要减小饲养密度，饲料要干燥，经常翻晒。

（2）霉变的饲料不能喂，菜叶饲喂要视湿度来定，间隔期和成虫一样。

（3）对死亡的幼虫要及时挑出，因春天死虫大部分是因为湿度过大造成的。

（4）白天气温高时要开窗通风。

（5）老龄幼虫更应注意干湿度的变化。

（二）夏季管理

夏季是个多雨的季节，温湿度的调控是关键，对于喜欢高温孵化的卵来说高温不会有影响反而有利，但对蜕 4 次皮（5 龄）以上的黄粉虫幼虫生长发育很不利，尤其是连续的高温天气。连续阴雨天气也会增加黄粉虫的死亡率。

1. 夏季温度、湿度的调控

（1）幼虫：连续阴雨天气对于刚孵化出来的小幼虫还不会有太大的影响，但对于 5 龄以上的幼虫，不仅需要及时分离减少密度，而且还要在饲喂上有所改善。这时的幼虫成长速度开始加快，需要每天摄取大量的食物，从以前的一周加一次料改成每天或隔天投喂，虽然增加了劳动量但可保证饲料新鲜。对于留种后幼虫的生长发育以及繁育羽化也会减少影响，还可以避免湿度过大造成饲料发霉引起的幼虫死亡。

（2）蛹：夏季的高温和多湿可造成虫蛹的大量死亡，这时可将黄粉虫幼虫蜕的皮混于其中，减少蛹的厚度，保持空气流通，也可以减少死亡量。

（3）成虫：炎热的高温对成虫的产卵量会造成影响，其产卵量会大量减少，直接造成经济损失。这时除应注意给成虫通风降温外，更要注意饲料的投喂。

2. 室内高温的几种降温措施

（1）要控制好饲养室内的温度，首先饲养室最好前后都有窗户，确保饲养室空气流通，也可采取电扇、排风扇经常通风。

（2）可在室内摆放盛放清水的器具也有利于降温。有条件的养殖户可在室内安装空调，这样可以更好地调节室内温度。

（3）养殖户还可以使用黑色遮阳网遮盖在阳光直接照射的饲养室前后，这样也可起到很明显的降温作用。还可以在饲养室前后栽种南瓜以及一些藤架式的蔬菜，既可遮蔽阳光以降温，还可以给虫子提供大量的营养蔬菜。

（三）秋季管理

秋天气温逐渐下降，在没有加温饲养的情况下，黄粉虫的活动减弱，生长减慢，产卵减少，但管理工作并不能因此而放松。秋季管理主要是使黄粉虫增强体质，为顺利越冬创造条件。越冬的准备工作，要注意以下几点：

1. 防寒保暖

进入秋季，明显的感觉是一天的温差特别大，天气变化不定。而黄粉虫对环境变化十分敏感，所以其饲养房内应尽量保持温度稳定，不可忽高忽低，室内饲养要关好门窗以防止贼风侵袭。若是用塑料大棚饲养黄粉虫，应在塑料大棚外加盖稻草或玉米秸，以提高温度。同时也要关紧门窗，糊严缝隙，封闭通风口，不使冷空气直接进入，使温度下降不至过快。

2. 增加营养

在越冬前 1 个多月中，要适当增加精料和蛋白质饲料，以增加黄粉虫的能量以及积累脂肪，增强其体质，便于更好地度过漫长的冬季。

3. 调节好湿度

调节好湿度可以增强黄粉虫的抗寒能力，有利于安全越冬。早晚温差大，易造成黄粉虫机体产生应激反应，引起黄粉虫疾病，因此抓好种黄粉虫的饲养管理，对于增加黄粉虫效益具有重要作用。

(四) 冬季管理

冬季养殖又到了一个新的阶段，这也是北方广大养殖户特别关心的问题，现就作者的冬季养殖经验向大家介绍，仅供参考。

1. 必须做好房屋的密封

冬季北方天气较冷，而且风大，房屋的密封非常重要。一般可采取钉塑料布的方法，有条件的也可打草帘用于封窗。门口必须用棉帘遮挡，防止人员出入频繁带走热气。如几间房屋为一栋时，应将几间房屋之间打通，封闭不用的门，各间之间应用棉帘遮挡。必要时可设二道门，以减少冷空气直接进入室内。

2. 加强取暖工作

取暖设施可用煤炉（一般蜂窝煤炉，烟气较小，且便于管理，应为首选），有条件的或取暖面积较大的可采取烧暖气统一供热。设置煤炉或暖气数量时成虫、蛹房温度应高一些，幼虫因自身虫体摩擦发热温度可适当低一些（可低3～5℃）。特别应注意晚间取暖，否则白天热，晚上凉，虫子不会正常生长，昼夜温度都应保持在10℃以上，否则达不到虫子生长需要，相反会增加养殖成本。湿度可采取炉上烧水的方法来解决。

3. 注意防止煤气中毒

虫子也是要呼吸的，因此，必须防止煤气中毒。方法是在房屋的窗户前后均打开一个可透气的小孔，造成空气的对流，可有效地防止煤气中毒，同时要密封炉具，安好烟囱，防止烟气倒灌。中午气温较高时可打开屋门，进行短暂通风。

4. 饲料要保持一定温度

当天饲喂的饲料、菜叶应提前放到室内让其温度与室内温度接近，避免虫子食用过凉饲料，防止生病和低温造成虫体温度下降，影响正常生长。有条件的可适当增加玉米粉的投喂比例，增加热量。

5. 适当增加饲养密度

一般情况下一个标准饲养盘内饲养虫的质量为 1.5～2.5 千克，但到了冬季为了能降低升温成本可以将一个标准饲养盒内的养殖量增加到 3～4 千克。这样一来即使是升温设备产生的温度达不到所要求的程度，虫子自身产生的摩擦也能将饲养盒里的温度提升一些。只要勤查多测，就可保证温度在正常范围内，以免造成不必要的损失。

6. 冬季运输

冬季运输虫子时应注意两个环节：一是虫子装车前应在相对低温的环境下放置一段时间，使其适应运输环境；二是装车时要在车的前部用帆布做遮挡，防止冷风直接吹向虫子，同时应即装即走，减少虫子在寒冷空气中的暴露时间。

总之，黄粉虫冬季喂养应根据其特点，加强管理，掌控好温度，确保降低成本，增加收入。

第6章 黄粉虫的饲料

　　科学选择饲料原料并加工、经济利用饲料，是黄粉虫生产经济核算的基础，也是目前影响黄粉虫生产成本的最主要因素。在正常情况下，饲料费用占到整个生产成本的 70%～90%，因此，在保证黄粉虫产品数量和质量的同时，科学选择、加工、利用饲料，降低饲料费用，是促进黄粉虫生产的重要手段，是降低黄粉虫生产成本的保障。

　　黄粉虫食性杂，凡是具营养成分的物品都可以作为它的饲料。在一定温度、湿度条件下，饲料的营养成分是幼虫生长和成虫繁育的物质基础。若以合理的复合饲料喂养，不仅成本低，而且能加快生长速度，提高繁殖率。若饲料利用不合理，会造成不必要的浪费且提高成本。

黄粉虫饲养的传统饲料以麦麸、米糠或玉米面为主，只要是含有主要营养成分的有机物质，其形状适合，便可以作为饲料应用。但为了提高产量与质量，降低饲养成本，开辟农业有机废弃物资源（农作物秸秆、草粉）利用转化的新途径，必须研制与其他养殖业一样的复合饲料或农作物秸秆、草粉生物饲料。在添加麦麸、米糠或玉米面的基础上，适量加入高蛋白质饲料如豆粉、鱼粉及少量的复合维生素是十分必要的。特别是用于繁殖的黄粉虫群体，一定要供给营养全面的饲料，以提高后代的成活率和抗病能力。实践证明，单一的饲料喂养，会造成饲料浪费。单用麦麸喂养的黄粉虫鲜虫，每增加1千克虫重，需消耗饲料3～4千克；而用复合饲料喂养，每增加1千克虫重，则仅需饲料2.5～3千克。所以，养殖黄粉虫不能单纯地计算饲料的价格，还应同时注意饲料的营养价值。如在良种繁殖饲料中加入2％的葡萄糖或蜂王浆水液，可促使雌虫产卵量成倍增加，最突出的平均每雌产卵量达到880粒，而且幼虫抗病力强，成活率高，生长快。

通过饲料配方和饲料加工技术设备条件，以黄粉虫的营养学研究成果为依据，充分考虑各地的饲料资源状况，把构成配合饲料的几十种含量不同的成分，均匀地混合在一起，并加工成型，从而保证活性成分稳定性，提高饲料的营养价值和经济效益，同时对获得环境生态效益做出贡献。

黄粉虫饲料原料的选择及生物饲料的研制与应用，其实质性的目标是有利于提高黄粉虫的消化、吸收和物质转化方面。黄粉虫生物饲料的核心是配方研制，饲料配方的科学性和配制饲料的工艺技术，对饲养效益起着决定性作用。饲料配方制作的基础，是黄粉虫营养生理成果的综合，并要结合原料和地区条件、结合饲养管理条件、结合加工技术条件、结合卫生安全条件等，才可以达到最低生产成本和最佳生产效益的目的。随着科学技术的不断进步，研究的不断深入，应用范围的扩大，饲料配方的内涵及应用效益也不断提高。

一、黄粉虫的饲料

1. 麦麸

麦麸包括小麦麸和大麦麸，由种皮、糊粉层及胚芽组成。黄粉虫饲养的传统饲料以麦麸为主，以各种无毒的新鲜蔬菜叶片、果皮、西瓜皮等果蔬残体作为补充饲料，是黄粉虫维生素和水分的来源。

麦麸的粗纤维含量较多，为8％～12％；脂肪含量较低，每千克的消化能较低，属低能饲料；粗蛋白质含量较高，可达12％～17％，质量也较好；含丰富的铁、锰、锌以及 B 族维生素、维生素 E、尼克酸和胆碱。

2. 米糠类

米糠是把糙米精制白米时所产生的种皮、外胚乳和糊粉层的混合生产物。米糠含能量低，粗蛋白质含量高，富含 B 族维生素，多含磷、镁和锰，含钙少，粗纤维含量高。

3. 玉米面

玉米面是玉米制成的面粉，玉米面含有 8%～14% 的蛋白质，含有 4.6% 左右的脂肪，还含有亚油酸和维生素 E，玉米面中含钙、铁质较多及大量的赖氨酸和纤维素等。

4. 饼粕（渣）类

饼粕类是豆类籽实及饲料作物籽实制油后的副产品。压榨法制油后的副产品称为油饼，溶剂浸提法制油后的豆产品为油粕。常用的饼粕有大豆饼粕、花生饼粕、棉仁（籽）饼粕、菜籽饼粕、胡麻饼、向日葵饼、芝麻饼等。该类资源是黄粉虫优良的饲料成分，各地应该因地制宜，充分利用当地资源优势，降低成本，提高效益。

（1）大豆饼粕：大豆饼粕是指以黄豆制成的油饼、油粕，是所有饼粕中最优越的种类。大豆饼粕的蛋白质含量在 42%～47%，蛋白质含量较高，必需氨基酸的组成也相当好，尤其是赖氨酸含量，是饼粕类饲料中含量最高者，可高达 2.5%，甚至可达 2.8%，是棉仁饼、菜籽饼甚至花生饼的 1 倍，适合于黄粉虫后期快速生长阶段的需要。大豆饼粕的赖氨酸与精氨酸之间的比例也比较适当，约为100：130。大豆饼粕在氨基酸含量上的缺点是蛋氨酸含量不足。

（2）棉仁（籽）饼粕：棉仁（籽）饼粕其营养价值因加工方法的不同差异较大。棉籽脱壳后制油形成的饼粕为棉仁饼粕，粗蛋白质为41%～44%，粗纤维含量低，能值与豆饼相近似。不去壳的棉籽饼粕含蛋白质22%左右，粗纤维含量高，为11%～20%。带有一部分棉籽壳的为棉仁（籽）饼粕，蛋白质含量为34%～36%。赖氨酸含量在1.3%～1.5%左右，超过大豆饼粕含量的50%；精氨酸含量高达3.6%～3.8%，是饼粕饲料中的第二位。

（3）菜籽饼粕：菜籽饼粕的蛋白质含量在36%左右，蛋氨酸含量较高，精氨酸含量在饼粕中最低。磷的利用率较高，硒含量是植物性饲料最高的，锰含量也较丰富。

（4）花生粕：花生饼粕有甜香味，适口性好，营养价值仅次于豆饼，也是一种优质蛋白质饲料。去壳的花生饼粕能量较高，粗蛋白质含量为44%～49%，能量和蛋白质含量在饼粕中最高。带壳的花生饼粕粗纤维含量为20%左右，粗蛋白质和有效能相对较低。花生饼的氨基酸组成不佳，赖氨酸和蛋氨酸含量较低，赖氨酸含量仅为大豆饼粕的52%，精氨酸含量特别高，在配合饲料中使用时应与含精氨酸少的菜籽饼粕、血粉等混合使用。花生饼粕中含残油较多，在贮存过程中，特别是在潮湿不通风之处，容易酸败变苦，并产生黄曲霉毒素。

（5）芝麻饼：含粗蛋白质40%左右，蛋氨酸含量高达

0.8%以上，是所有植物性饲料中含量最高的。其赖氨酸含量不足，精氨酸含量过高，有很浓的香味。

（6）葵花子（仁）饼粕：脱壳的葵花仁饼粕含粗纤维低，粗蛋白质含量为28%～32%，赖氨酸不足，蛋氨酸含量高于花生饼，棉仁饼及大豆饼，铁、铜、锰含量及B族维生素含量较丰富。

（7）椰仁粕：椰仁粕的蛋白质含量比豆粕低得多，为19%～23%。椰仁粕蛋白质质量差，与其氨基酸不平衡和可消化率有关，加工过程的温度太高可能会进一步降低氨基酸消化率。椰仁粕的氨基酸组分比多种其他蛋白质源都要差，它缺乏多种重要的必需氨基酸如赖氨酸、蛋氨酸、苏氨酸和组氨酸，而其精氨酸含量高。所以，利用椰仁粕时，为了补充氨基酸不足和抵消精氨酸的拮抗作用，可添加赖氨酸。水分高、干燥条件差和贮存不当，不仅椰仁粕容易发霉，产生霉菌毒素，而且易使残油氧化而影响椰仁粕的适口性。

（8）豌豆粉：豌豆一般不用来榨油，通常连壳粉碎成豌豆粉。与其他豆类一样，豌豆含有胰蛋白酶抑制因子，但生豌豆的胰蛋白酶抑制因子含量仅为生大豆的1/10。豌豆还含有可降低氨基酸消化率的丹宁和多酚，也含有少量的脂肪。

（9）豆腐渣：豆腐渣是来自豆腐、豆奶工厂的加工副产品，为黄豆浸渍成豆乳后，部分蛋白质被提取，过滤所得的残渣。干物质中粗蛋白、粗纤维和粗脂肪含量较高，维生素含量低且大部分转移到豆浆中，与豆类籽实一样含有抗胰蛋白酶因子。以干物质为基础进行计算，其蛋白质含量为 19%～29.8%，并且豆渣中的蛋白质含量受加工的影响特别大，特别是受滤浆时间的影响，滤浆的时间越长，则豆渣中的可溶性营养物质包括蛋白质越少。豆腐渣水分含量很高，不容易加工干燥，一般鲜喂，作为多汁饲料。保存时间不宜太久，太久容易变质，特别是夏天，放置 1 天就可能发臭。鲜豆腐渣经干燥、粉碎可作配合饲料原料，但加工成本较高，宜鲜喂。

（10）酒糟等工业有机废弃物

①酒糟：酒糟是酿酒工业的副产品，其中含有水分约 65%，新鲜酒糟经烘干（或晒干）、揉搓、筛分离脱除稻壳等工艺制成酒糟粉，粗蛋白约 4%，粗脂肪约 4%，无氮浸出物约 15%，粗纤维（即稻壳）约 12% 和含量丰富的多种维生素。白酒糟中由于含有很多发酵中疏松透气用的稻壳，所以不能直接用白酒糟饲喂牛、猪、鸡等家畜家禽，但黄粉虫却能很好地取食利用稻壳酒糟中碎屑的营养成分，并且幼虫生长发育很好，转化效率很高。从酒厂中购取的白酒糟由于含有大量水分，易再次发酵霉变，所以最好不要贮存，适宜随用随运。

②玉米加工副产品：有玉米蛋白粉、玉米麸料、玉米胚芽粕。玉米蛋白粉是生产玉米淀粉和玉米油的副产品，蛋白质含量为 25%～60%；玉米麸料是制造过程中纤维质外皮、玉米浸出液、玉米胚芽粕等副产物，经过干燥、混合而成；玉米胚芽粕是玉米胚芽抽油后所剩下的残渣。

（11）饲料草粉和叶粉：草粉和叶粉的粗蛋白含量可以

达到 20%，但粗纤维含量超过 18%，属于粗饲料的范围。常见种类为苜蓿粉、各种树叶粉等。

（12）动物性蛋白饲料：动物性蛋白饲料原料的特点是蛋白质含量高，氨基酸组成比例好，适于和植物性蛋白质饲料的配伍；含磷、钙高，而且都是可利用磷；富含微量元素。动物性蛋白饲料中，包括鱼粉、肉粉、肉骨粉、血粉、家禽屠宰场废弃物、羽毛粉等。

5. 果渣

果品经罐头厂、饮料厂、酒厂加工后的果渣（果核、果皮和果浆等）经适当的加工即可作为黄粉虫的优良饲料。利用果渣生产出的果渣粉、果籽饼粕和皮渣粉等，含有丰富的粗蛋白质、矿物质微量元素、氨基酸和维生素等营养物质。几种常见果渣的营养成分见表 6-1。

表 6-1　常见果渣的营养成分

类别	粗蛋白质（%）	粗脂肪（%）	粗纤维（%）	粗灰分（%）	钙（%）	磷（%）
苹果渣粉	5.1	5.2	20.0	3.5	0.13	0.12
柑橘渣粉	6.7	3.7	12.7	6.6	1.84	0.12
葡萄渣粉	13.0	7.9	31.9	10.3	0.61	0.06
葡萄饼粕	13.02	1.78	—	3.96	2.07	—
葡萄皮梗	14.03	3.60	—	12.68	6.65	—
沙棘渣粉	18.34	12.36	12.65	1.96	0.27	0.38

6. 农作物秸秆

成熟的农作物秸秆，包括玉米秸、玉米芯、豆秆、稻草、花生藤、花生壳、木薯秸秆、甘蔗渣、剑麻渣以及某些野生植物等。

秸秆的主要成分是粗纤维，矿物质含量也比较丰富，并含有少量的蛋白质和油脂。自然状态下，秸秆细胞壁中的纤维素、半纤维素和木质素等相互交错在一起，不易被动物消化吸收，但是，经过特定处理，纤维素可与木质素分解，在细菌和纤维素酶的作用下，分解为低聚纤维素、纤维二糖和葡萄糖，能被动物所利用。半纤维素和木质素也可被水解，只不过是难度大一些，水解产物同样是单糖或低聚糖，被动物采食吸收后，均参与动物碳水化合物代谢。而且，通过化学、生物学处理，秸秆饲料的蛋白质含量会显著提高，并增强适口性。几种常见秸秆的营养成分见表 6-2。

表 6-2　常见秸秆的营养成分

类　别	粗蛋白质 (%)	粗脂肪 (%)	粗纤维 (%)	粗灰分 (%)	钙 (%)	磷 (%)
稻草	4.8	1.4	25.6	12.4	0.69	0.60
秋小麦秸	4.5	1.6	36.7	5.4	0.27	0.08
春小麦秸	4.4	1.5	34.2	6.0	0.32	0.08
玉米秸	5.7	2.0	29.3	6.6	微量	微量
谷草	6.8	2.0	27.8	6.8	0.50	0.10

续表

类 别	粗蛋白质 (%)	粗脂肪 (%)	粗纤维 (%)	粗灰分 (%)	钙 (%)	磷 (%)
大豆秸	5.7	—	33.7	4.2	1.04	0.14
花生秧	12.2	—	21.8	—	2.80	0.10
甘薯秧	10.3	—	25.7	—	2.44	0.14
大麦秸	6.4	—	33.4	—	0.13	0.02
稻壳	2.7	—	41.1	—	0.44	0.09
麦麸	2.9	—	30.6	—	0.64	0.03
玉米芯	4.5	—	32.2	—	0.10	0.08
大豆荚	6.1	—	33.9	—	—	—
花生壳	4.8	—	61.6	—	0.51	0.02

二、饲料加工

在饲喂黄粉虫的过程中，养虫箱里的虫粪常与饲料混合在一起，而黄粉虫也在这样的环境中生活。因此，饲料的卫生是十分重要的。

黄粉虫幼虫、成虫均喜食偏干燥饲料，饲料含水量掌握在 10%～15% 为宜，不能超过 18%。如饲料含水量过高，与虫粪混合在一起时易发霉变质。黄粉虫摄食了发霉变质的饲料会患病，降低幼虫成活率，蛹期不易正常完成羽化过程，羽化成活率低。饲料含水量过高，饲料本身也会发霉变质，所以应严格控制黄粉虫饲料的含水量，即用手握起成团，松开后自行散碎，但无积水现象。

1. 原料粉碎

麦麸不需要再粉碎，但是其他饲料，如玉米、大麦、豆饼等均需要粉碎，原料粉碎后，才能使各种原料混合均匀，且有利于黄粉虫咀嚼式口器的采食，从而使黄粉虫饲料营养均衡。

2. 加工方法

将饲料加工成颗粒饲料和碎粒料是十分理想的，粉状饲料、颗粒饲料和碎粒料都可以直接投喂黄粉虫。使用粉状饲料时为了避免引起饲料分层、黄粉虫的挑食，造成浪费和营养不均衡现象，可将各种饲料原料及添加剂混合均匀，加入10%的清水（复合维生素可加入水中）搅匀，拌匀后再喂。但是这种喂法为了防止饲料发霉变质，一次不能拌得过多，以够黄粉虫一次采食即可。对发霉及生虫的饲料最好不要再用，若想不浪费需经过处理才能再用。具体方法是，首先要及时晾晒，或置于烘干箱、烤炉中，以50℃左右的温度，经过15分钟烘至干燥。如此处理可防止饲料霉变和生虫，并可杀死饲料中的害虫卵。或有冷冻条件的可将生虫的饲料用塑料袋密封包装后放入冰箱或冰柜中在-10℃以下冷冻3～5小时，也有杀死害虫的作用。冷冻后再将饲料晒干备用。

工厂化规模生产黄粉虫，可以利用富含纤维素、半纤维素、木质素的各种工农业生产有机废弃物，如农作物秸秆、树叶、草粉、木屑、食用菌栽培基质物、酒糟、各种果渣等，经过醇化处理，加工成膨化颗粒或发酵饲料。将废弃的农林副产品转化为优质的动物蛋白，不仅生产成本低，而且营养丰富，是理想的黄粉虫饲料。下面介绍几种加工方法。

（1）粉状饲料：将粉碎好的各种饲料原料及添加剂按饲料配方混合拌匀就可以了。这种饲料的生产设备及工艺均较简单，耗电小，加工成本低，养分含量和动物的采食较均匀。品质稳定，饲喂方便、安全、可靠，但容易引起黄粉虫的挑食，造成浪费。在运输中还易产生分级现象而产生饲料营养不均衡。

（2）颗粒饲料：颗粒饲料是指粉料经过蒸汽加压处理而制成的饲料，其形状有圆筒状和角状等。这种饲料密度大、体积小，可改善适口性，饲料报酬高。在制粒过程中，因经过加热、加压处理，破坏了部分有毒成分，起到杀虫灭菌作用，但制作成本较高，而且在加热、加压时使一部分维生素和酶等失去活性。加工颗粒饲料时最好将小幼虫、大幼虫和成虫的饲料分别加工。小幼虫的饲料颗粒以直径为0.5毫米以下为好，大幼虫和成虫饲料颗粒直径为1～5毫米左右，饲料粒度应该利于黄粉虫取食。

（3）碎粒料：碎粒料是用机械方法将颗粒饲料再经破碎加工成细度为2～4毫米的碎粒，其性能特点与颗粒饲料相同。

（4）发酵饲料：发酵是将饲料中复杂的高分子有机化合物通过细菌或酵母分解为简单的低分子有机化合物的过程。有机物经过发酵腐熟，具有细、软、烂、营养丰富、易于消化吸收、适口性好等特点。

①发酵条件：温度对发酵原料堆的分解发酵有重要影响。微生物适宜生活温度为 15～37℃，其中好气性微生物生活的最适宜温度为 22～28℃，兼气性微生物生活的最适宜温度为 37℃左右，耐热微生物生活的最适宜温度为 50～65℃。含水量控制在 40%～50%，即堆积后堆底边有水流出。pH 一般在 6.5～8.0。过酸可添加适量石灰，过碱可用水淋洗。

②堆制发酵：将草料浸泡吸足水分，边堆料边分层浇水，下层少浇，上层多浇，直到堆底渗出水为止。料堆应松散，不要压实，料堆高度宜在 1 米左右。料堆成梯形、龟背形或圆锥形，最后堆外面用塘泥封好或用塑料薄膜覆盖，以保温保湿。堆制后第二天堆温开始上升，4～5 天后堆内温度可达 60～75℃。待温度开始下降时，要翻堆进行第二次发酵。翻堆时要求把底部的料翻到上部，边缘的料翻到中间，中间的料翻到边缘，同时充分拌松、拌和，适量淋水，使其干湿均匀。第一次翻堆 1 周后，再做第二次翻堆，以后隔 6、4 天各翻堆一次，共翻堆 3～4 次。

③发酵腐熟：培养料发酵 30 天左右，发酵腐熟。发酵良好的培养料无臭味、无酸味；色泽为茶褐色；手抓有弹性，用力一拉即断；有一种特殊的香味。将发酵好的培养料摊开混合均匀，然后堆积压实，用清水从料堆顶部喷淋

冲洗，直到饲料堆底有水流出，清除有害气体和无机盐类、农药等有害物质。检查饲料的酸碱度是否合适，调节水分。

④包装：采用塑料编织袋包装（若用湿料应使用带内衬的塑料编织袋）。

⑤入库储存：将包装好的产品入库即可。

三、饲料配制

黄粉虫属杂食性昆虫，能吃各种粮食、麸皮、油料及蔬菜。幼虫还吃榆叶、桑叶、桐叶、豆类植物叶片等。

根据进食情况，一般每天早晚喂食1~2次即可，每次投喂量要适当，以在第2次投喂时基本无剩余为宜。

在喂养中，使用混合饲料生长较快，喂单一饲料生长较慢，还会导致品种退化。

（一）饲料使用原则

营养物质又称营养素，它可以提供动物生长发育、维护健康所需要的物质和能量。黄粉虫正常的生命活动也是靠营养物质维持的，营养素的来源通常是以摄取食物的方式获得，这些食物只有被黄粉虫食用并在体内消化和吸收之后，其中的营养素才能被利用。

目前已知的40多种营养素大体可归纳为蛋白质、脂肪、碳水化合物、维生素、无机盐和水。营养素的功能主要提供给黄粉虫热量，如碳水化合物、蛋白质、脂肪等；

帮助黄粉虫生长发育，并构造身体各部分，如水、无机盐、脂肪、蛋白质、碳水化合物、维生素等；可以调节黄粉虫必需的生理机制，如水、维生素、无机盐、脂肪、蛋白质等。

目前，我国尚未对黄粉虫的营养和饲料问题进行全面系统的研究，对于这些营养素是怎样影响黄粉虫以及黄粉虫需要的营养素是多少等还没有研究得像畜禽那么清楚，就是说我们还不知道黄粉虫每天需要多少蛋白质、脂肪、碳水化合物、维生素、无机盐和水，以及所给的饲料是否能使黄粉虫健康、快速长大或繁殖更多的后代。但是，各种食物的营养价值不同，任何一种天然物质均不能单独提供黄粉虫所需的全部营养素，而且不同的虫期、不同的虫龄、不同季节以及不同养殖目的，虫体所需要的营养素也有所不同，因此，适宜的食物必须由多种物质构成，才能达到营养平衡的目的。经多年试验证明，养殖黄粉虫与其他养殖业一样需要复合饲料，即在麦麸和玉米的基础上适量加入高蛋白质饲料，如豆粉、鱼粉及少量的复合维生素是十分必要的。

因此，在黄粉虫的养殖中，不论是幼虫还是成虫，一定要给予多种以上的复合型饲料，不可单喂一种饲料，实践证明：复合型饲料饲养效果很好，能大大促进黄粉虫幼虫的生长发育，经 30 天饲养，复合型饲料饲养的幼虫增重为纯麦麸饲养的 2 倍。若长期饲喂一种饲料，不论这种饲料营养有多高，也会导致黄粉虫发生厌食或少食、营养不良、少动、多病和死亡率增高等现象；成虫产卵量明显减少或提前结束产卵期；幼虫生长缓慢、体色变暗、个体变小或大小不均衡，影响产品质量。有的养殖户因长期单喂青菜，将黄粉虫变成了"菜青虫"，结果发生了大面积死亡现象，因此食物要多样性。

养殖户如能自行配制黄粉虫饲料，能充分利用本地饲料资源，可有效降低饲养成本。但在具体操作中，许多养殖户缺乏饲料配制方面的技术和设备，自配饲料往往营养不均衡，养殖效益不太理想。为此，下面介绍自配黄粉虫饲料需要掌握的几点内容，希望能给广大养殖户提供帮助。

1. 饲料配制尽量调整合理

复合饲料不是各种原料的简单组合，而是一种有比例的复杂的营养组合。这种营养配合愈接近饲养对象的营养需要，愈能发挥其综合效应。为此，设计饲料配方时不仅要考虑各营养物质的含量，还要考虑各营养素的全价性和平衡性。

（1）能量和蛋白质：根据黄粉虫的食性，能量饲料一般都以麦麸为主，并要适当增加几个品种的能量饲料，以使营养均衡。要添加动物蛋白，如血粉、羽毛粉都是很好的动物性蛋白饲料，鱼粉更好，但价格较高，所以为了降低成本，用量不宜超过5％，一般用1％～2％。棉籽饼用量也不宜超过5％，防止棉酚蓄积引起中毒。

（2）根据饲料特点补充和调整氨基酸：黄粉虫饲料依据氨基酸的重要性排位，为赖氨酸、蛋氨酸、色氨酸、苏氨酸、胱氨酸。玉米中缺少赖氨酸、精氨酸，但蛋氨酸较多；豆饼中赖氨酸较多，但缺少蛋氨酸；棉籽饼中缺少赖氨酸，而其中的蛋氨酸、色氨酸却明显高于豆饼；鱼粉中含有多种氨基酸，尤其是赖氨酸十分丰富。

（3）添加维生素和矿物质：黄粉虫一般不需要补充脂溶性维生素（包括维生素 A、维生素 D、维生素 E、维生素 K)。黄粉虫的饲料中需要添加维生素 B 族，包括维生素 B_1、维生素 B_2、维生素 B_6、维生素 B_{12} 以及生物素、泛酸、烟酸、胆碱、肌醇、叶酸等；矿物质用量虽然不多，但要远远高于维生素，因此，应在配方中留有调整的余地。黄粉虫饲料对食盐一般用量为 0.4%。黄粉虫生长过程中对硒特别敏感，因此应避免饲养过程中使用有硒元素的饲料添加剂。黄粉虫成虫饲料要适当提高饲料钙的含量，可以达到 1%。

2. 合理利用当地资源

制作饲料配方应尽量选择资源充足、价格低廉而且营养丰富的原料，尽量减少粮食比重，增加农副产品以及优质青、粗饲料的比重。粉渣含水量高，含粗纤维较多，应晒干后再按一定比例配用。豆腐渣含有抗胰蛋白酶，影响黄粉虫对蛋白质的吸收，应该蒸煮后再用。槐叶含维生素、蛋白质较多，可采集晒干后磨粉，按 2%左右的用量配入饲料中喂养黄粉虫。

3. 精心选择药物添加剂

我国批准在饲料中使用的抗生素类药物主要有杆菌肽

锌、恩拉霉素、维吉尼亚霉素、泰乐菌素。养殖户最好根据当地中草药分布情况，选择成本低廉的中草药。选择合适的抗菌中草药如金银花、野菊花、蒲公英、鱼腥草、大蒜等以及健胃中草药如山楂、木香等作为添加剂。中草药添加剂由于无抗药性和药物残留、毒副作用小、效果显著、利于环保、资源丰富等优点备受人们的关注。中草药添加剂在黄粉虫养殖中的作用主要表现在促进黄粉虫生长，提高饲料转化率；改善黄粉虫产品质量和风味；增强机体免疫功能和防御机能，提高抗病力；具有抗菌抗病毒、解毒驱虫作用；替代部分矿物质添加剂和维生素添加剂。

总之，黄粉虫饲料应考虑多种原料的合理搭配与安全性。饲料的合理搭配包括三方面的内容，一是各种饲料之间的配比量，二是各种饲料的营养物质之间的配比量，三是各种饲料的营养物质之间的互补作用和制约作用。饲料中各种原料的配比量适当与否，可关系到饲料的适口性、消化性和经济性。饲料的安全性指黄粉虫食后无中毒和疾病的发生，也不至于对人类产生潜在危害。

（二）饲料配方

为使黄粉虫正常生长和繁殖，现提供以下饲料配方供参考（混合饲料的配合百分比）。

1. 幼虫饲料配方

配方一：麦麸 70%，玉米粉 25%，大豆 4.5%，饲用复合维生素 0.5%。若加喂青菜，可减少麦麸或其他饲料中的水分。

配方二：麦麸 70%，玉米粉 20%、芝麻饼 9%，鱼骨粉 1%。加开水拌匀成团，压成小饼状，晾晒后使用。也可用于饲喂成虫。

配方三：麦麸 10%，玉米粉 5%，大豆 40%，饲用复合维生素 0.5%，余用各种果渣生物蛋白饲料。将以上各成分拌匀，经过饲料颗粒机膨化成颗粒，或用 16% 的开水拌匀成团，压成小饼状，晾晒后使用。

配方四：麦麸 20%，玉米粉 5%，大豆 40%，饲用复合维生素 0.5%，余加酒糟渣粉。将以上各成分拌匀，经过饲料颗粒机膨化成颗粒，或用 16% 的开水拌匀成团，压成小饼状，晾晒后使用。

配方五：麦麸 70%，玉米粉 25%，大豆 4.5%，饲用复合维生素 0.5%。

2. 繁殖育种用成虫饲料配方

配方一：麦麸 15%，鱼粉 4%，玉米粉 5%，食糖 4%，饲用复合维生素 0.8%，混合盐 1.2%，余用各种果渣生物蛋白饲料。将以上各成分拌匀，经过饲料颗粒机膨化成颗粒，或用 16% 的开水拌匀成团，压成小饼状，晾晒后使用。本饲料配方主要用于饲喂黄粉虫产卵期的成虫，可以提高产卵量，延长成虫寿命。

配方二：麦麸 75%，玉米粉 15%，鱼粉 4%，食糖 4%，复合维生素 0.8%，混合盐 1.2%。此配方适用于产卵期的成虫，可延长成虫寿命，提高产卵量。

配方三：纯麦粉（质量较差的麦子及麦芽磨成的粉，含麸）95%，食糖 2%，蜂王浆 0.2%，复合维生素 0.4%，饲用混合盐 2.4%。本配方主要用于饲喂繁殖育种的成虫。

配方四：麦麸 60%，鱼粉 5%，玉米粉 10%，20% 果蔬残体或草粉，食糖或蜂王浆水稀释液 2%，饲用复合维生素 1.5%，混合盐 1.5%。将以上各成分拌匀，加入酵化剂，发酵 15～20 天，然后稍晾，经过颗粒机加工成膨化颗粒饲料，或用 20% 的开水拌匀成团，加入适量玉米面或可食用琼脂，压成饼块状，晾晒后使用。

配方五：劣质麦粉 95%，食糖 2%，蜂王浆 0.2%，复合维生素 0.4%，饲用混合盐 2.4%。主要用于饲喂做种用的成虫。

3. 成虫饲料配方

配方一：麦麸 40%，玉米粉 40%，豆饼 18%，复合维生素 0.5%，混合盐 1.5%。本配方适用于饲喂成虫。

配方二：麦麸 50%，玉米粉 35%，大豆（饼、粉）5%，豆渣粉 5%，饲用复合维生素 0.5%，饲用混合盐 1.5%，蔬菜残体或果皮粉 1.5%，味精 1.0%，酵母粉 0.5%。将以上各成分拌匀，经过颗粒机膨化成饲料颗粒，或用 15%～20% 的开水拌匀成团，压成条饼状，晾晒后使用。

配方三：麸皮 80%，玉米粉 10%，花生饼 9%，其他（包括多种维生素、矿物质粉、土霉素）1%。

配方四：麸皮 60%，碎米糠 20%，玉米粉 10%，豆饼

9％，其他（包括多种维生素、矿物质粉、土霉素）1％。

配方五：麦麸45％，玉米面35％，花生饼粉18％，食盐1.5％，饲用复合维生素0.5％。

配方六：玉米粉55％，小麦粉4％，谷粉3％，麸皮2.2％，豆粕27％，鱼粉6％，骨粉1％，贝壳粉1％，食盐0.3％，添加剂0.5％。

黄粉虫食性很杂，除饲喂上述饲料外，尚需适量补充蔬菜叶或瓜果皮，以补充水分和维生素C。养殖中可根据当地的饲料资源，参考以上配方，适当调整饲料的组合比例。

四、饲料投喂

幼虫和成虫的饲养均在统一规格的标准饲养盘中进行，只是依饲养目的不同所用饲料配方不同。幼虫的饲养有留种和生产两种，成虫的饲养只有留种繁育一种。

生产采收用幼虫饲养应在确定饲料配方的基础上，进行蒸煮，并辅加添加剂、诱食剂，以促进取食、加速生长为目的。留种幼虫和产卵成虫饲料应以保证其营养富足及产卵营养需要（产卵期长、活力高）为目的。

除投喂配方饲料外，待幼虫长到5毫米长时，可适量投放一些青菜、白菜、甘蓝、萝卜、西瓜皮、水果皮、土豆片等。投放多汁鲜饲料应先洗净晾晒至半干，切忌使用农药，用菜刀剁碎，撒入标准饲养盘中，以覆盖一层为宜。

幼虫特别喜欢取食多汁的瓜菜类饲料，但投放量一次不宜过大，过大会使标准饲养盘中的湿度增高，从而导致虫体患病。菜叶投喂量一般以6小时内能吃完为准，隔1～2天喂一次多汁饲料，夏季可以适当多喂一些。

五、原料的选择与储存

并不是有完整的饲料配方就能配成营养全面的好饲料，配方中营养再平衡，如果原料储藏出了问题，还是前功尽弃。养殖户配制口粮在考虑原料时往往只注意价格低廉、容易得到的原料，而忽视其他不良因素。

1. 注意原料的新鲜度

原料的新鲜度是影响养殖效果的主要因素之一。如玉米、小麦等作为活的植物种子，具有很好的新鲜度，可以储存，而玉米粉、小麦粉保存一段时间后其新鲜度会显著下降，养殖效果会降低。大豆、菜籽也是活的植物种子，其蛋白质、油脂具有很好的新鲜度，可以达到很好的养殖效果；而一旦粉碎并存放一定时期后新鲜度显著下降，油脂也容易氧化，其养殖效果也会显著下降。就油脂而言，大豆、菜籽、米糠等油脂原料中油脂的稳定性要显著高于豆油、菜子油、米糠油，其养殖效果也要好得多。新鲜鱼粉与存放一定时期的鱼粉比较，虽然从一些营养指标看没有什么变化，但养殖效果却有显著差异。

鉴定原料新鲜度较为有效的方法是用嘴尝、用鼻子闻和眼睛看，通过感官进行鉴定。感官鉴定除了可以鉴定其新鲜度外，还可以判别原料是否有掺假的嫌疑。每种原料都有其自身的特殊味道，通过嘴尝、鼻子闻和眼睛看，基本可以确定原料的新鲜程度，并通过是否有异味、是否有异物基本可以判定是否变质，是否掺有其他物质。

2. 改善饲料的储藏方法

饲料的保管、储藏直接影响到饲料的营养价值。饲料保管时温度过高，或储藏时间过久，会因细菌作用而腐败。动物性饲料如含脂肪或水分多，储藏过久会使脂肪氧化变质，可利用能量降低，如某些鱼粉因质量差，有的进料时已有结块，若保存过久就会结块成"饼"或变成黑色，所含养分均已被破坏。因而，动物性饲料不宜久储，或提取脱脂后储藏，各类饲料储藏应防止霉菌而造成饲料腐败变质和使黄粉虫中毒。玉米、花生饼储藏时易被黄曲霉菌污染而使黄粉虫致死，保存时应保持干燥，储藏时间不能超过 3 个月。光和空气（氧）能使一些维生素氧化或分解，高温与酸败能加速分解，保管时应注意避光、阴凉、干燥。

（1）颗粒饲料：因用蒸汽调质或加水挤压而成，能杀死大部分微生物和害虫，且间隙大，含水量低于 12%，故贮藏性能较好，只要做好防潮、通风、避光贮藏，短期内不会霉变。生产后的全部贮藏时间不要超过 1 个月。

（2）粉状饲料：表面积大，孔隙间小，导热性差，容易反潮，脂肪和微生物接触空气多，易被氧化和霉变，因此，此种饲料须包紧严密，与颗粒料相比，对防潮要求更高，存放时间最好不超过 2 周。

（3）浓缩饲料：富含蛋白质，特性与粉状全价配合饲料相似，其用量只占全价配合饲料的 15%～50%，储藏时对温度、湿度、密封性要求更严。储藏时间不越过 30 天。

（4）添加剂复合预混料：品种繁多，一般由维生素、微量元素、氨基酸、矿物质、抗生素和抗氧化剂等组成，水分通常在 7%以下，一般不存在被霉菌污染的问题，但许多矿物盐能促使维生素分解，保质期按要求夏季为 3 个月，其他季节为 5～6 个月。养殖场（户）最好按每月用量进行采购，尽量减少维生素在储存过程中的损失。

3. 注意饲料的有害成分

一般的饲料（麦麸）基本上是没有有害成分的，但也有个别饲料含有一定的化学成分，小麦在粮库储存期间，主要应用熏蒸杀毒剂来防虫。一般的杀虫剂均含有比例较高的磷化铝、磷化锌等有机溶液，这些有机液的残留多数会富集在麦粒的表面，待加工成面粉时多数会残留在麦麸里面。这样的麦麸饲料喂养一般动物或家禽时不会有太大的副作用，但喂黄粉虫就不行了。因为黄粉虫对这些化学成分相当敏感，一旦食用了这样的麦麸即会发生大面积死亡。如是第一次使用麦麸，应先少量投喂，如两天后没有什么问题的话就可以大量投喂了。

判断青饲料的有害源也要适当地掌握技巧。一般来说蔬菜的农药残留物在经过风吹日晒后两周后基本上会消失，但也有些药物成分会长期保留在蔬菜中，这些药物成分对人没有太多的影响但对黄粉虫就有致命的伤害了。1～4月以后一直到10月之前，在这段时期的蔬菜叶、蔬菜多多少少都会含有一定比例的农药成分，在投喂这样的青饲料前应该先了解菜农对蔬菜喷洒农药的时间，再经过用水清洗后晾干方可投喂给黄粉虫食用。要是掌握不好的话，就不要投喂蔬菜类的青饲料，而改喂瓜果类的青饲料也可以。因为即使瓜果类有残留的农药也只会在瓜果的表皮，用清水冲洗一遍就可以投喂了。瓜果类的范围很大也很好采集，水分太大的瓜果类可将瓜果的汁液搅拌在饲料里投喂。马铃薯、红薯因其所含淀粉量过多，一般不建议长期使用，因为淀粉对黄粉虫的消化系统有一定的影响。

此外，无论是黄粉虫饲养房还是饲料仓库都必须灭鼠。老鼠不仅会产生污染，吃掉大量的饲料，而且还会带来一些传染病。一只老鼠一年要吃掉9～11千克饲料，因此，消灭老鼠也是节约饲料的重要一环。

第 **7** 章
黄粉虫的
病虫害防治

在正常饲养管理条件下，黄粉虫很少得病。但随着饲养密度的增加，其患病率也逐渐升高。如湿度过大，粪便污染，饲料变质，都会造成幼虫的腐烂病，即排黑便，身体逐渐变软、变黑，病虫排出之液体会传染其他虫子，若不及时处理，会造成整箱虫子死亡，饲料未经灭菌处理或连阴雨季节较易发生这种病。

黄粉虫卵还会受到一些肉食性昆虫或螨类的危害。主要虫害有肉食性螨、粉螨、赤拟谷盗、扁谷盗、锯谷盗、麦蛾、谷蛾及各种螟蛾类昆虫。这些害虫不仅取食黄粉虫卵，而且会咬伤蜕皮期的幼虫和蛹，污染饲料，也是黄粉虫患病的原因之一。

对病虫害应在饲养过程中进行综合防治。首先选择的虫种应该是生命力强、不带病的个体。饲料应无杂虫、无霉变，湿度不宜过大。饲料加工前应经过日晒或消毒，杀死其他杂虫卵饲养场及设备应定期喷洒杀菌剂及杀螨剂。严格控制温湿度，及时清理虫粪及杂物。在养虫箱中若发现害虫或霉变现象要及时处理，不让其传播。

一、黄粉虫疾病病因

黄粉虫一生多变，不仅有卵、幼虫、蛹和成虫的虫态改变，还有食性、生活环境的改变，这么多的环节难免会遇到不测。

黄粉虫在生命活动过程中，如果出现发育迟缓、体躯瘦小等生长发育异常以及蜕皮、生殖、排泄、取食等行为异常，或是体色和形体的异常改变，特别是虫体出现特殊异味或不能正常进入下一个虫期（如幼虫由幼龄到大龄）或下一个虫态（如由幼虫到蛹或到成虫）等症状，即可断定它已生有疾病。

欲知病原要分析病因。诱发黄粉虫疾病的病因是多种多样的，大致有三种。

(1) 环境条件的不适宜或突然改变：如缺少食物而饥饿、高温酷暑、冰霜雪冻等；或受到农药等化学物质的毒害等部分残存下来的个体。

(2) 本身生理遗传或代谢的缺陷：如遗传性肿瘤、不育基因的突变、内分泌失调等而产生的一系列病害。

(3) 由病原微生物侵染所引起的疾病：这是最重要也是最多的诱因。由病原菌导致的黄粉虫疾病，最为常见的有：真菌病，虫体发育缓慢，体色有明显异常，虫尸僵硬但无臭味，常见虫尸表面"发霉"。如果虫尸僵硬而液化，体表也不"发霉"，则是病毒病；如果虫尸颜色变暗变黑，常腐烂有异味，特别是在蜕皮、化蛹时死亡，多为细菌病；如果虫体表皮透明，终成斑驳状棕色，十有八九是球虫类原生动物所致。

当然，除了种种基本症状外，有的还会出现交叉症状，病原物最根本的辨别还要靠专业人员对其分离、培养，然后在显微镜或电子显微镜下观察，进行种类鉴别。

二、黄粉虫疾病预防

俗话说"无病早防，有病早治，以防为主，防治结合"，这是长期生产实践中人类对疾病问题达成的共识，因而对于黄粉虫的疾病防治，也应采取这个原则。因为对于黄粉虫来说，发病初期是不易被发觉的，一旦发病，治疗起来就比较麻烦了，一般治疗方法是把药物拌于饲料中由黄粉虫自由取食，但是，当病情严重时，黄粉虫已经失去食欲，即使有特效药也无能为力了。目前对黄粉虫进行人工填食是不可能的，但还没有其他好的治疗方法。有介绍说可以使用药液喷黄粉虫这样的给药方法，目前还在试验阶段。

黄粉虫之所以产生疾病，甚至流行，完全取决于昆虫本身、病原体和环境之间相互作用的关系。如果黄粉虫身体健壮，有较强的抵抗能力，就不易患病，甚至在流行病袭来时，若稍加"自卫保护"也可躲过。如果缺少病菌适宜生存的环境条件，如温湿度、光照、适宜侵染的虫体，即使侵染性或致病力强的病原体也是无法引致疾病的，因此在日常工作中就必须做好预防措施。

1. 创造良好的生活环境

首先选择合适的场地，远离污染源（含噪声）。另外，搞好室内环境，协调好温湿度关系，控制日温差小于5℃，室内空气保持清新，不把刺激气味带入黄粉虫饲养房。

2. 加强营养

实践证明，长期饲喂单一的麦麸饲料对黄粉虫的效果不是最理想的，在这种情况下，黄粉虫幼虫生长发育速度相对缓慢，容易发生疾病，同时，出现成虫产卵率低、秕卵现象。所以，必须采用配合饲料，注意添加维生素及微量元素，喂适量的青饲料。

3. 坚持科学管理

管理是讲究科学的，实际上管理也是一门技术，所以既要加强管理，也要讲究科学。如合理的饲养密度、大小分群饲养、严格的操作规程等，都能避免各种致病因素的产生。同时，培育优良虫种，及时淘汰有问题的虫种，利用杂交技术，提高黄粉虫的抗病力，执行卫生防疫制度、搞好日常常规消毒工作等都能防止黄粉虫疾病的发生，禁止非饲养人员进入饲养房。

4. 发现问题，及时处理

有关黄粉虫的疾病诊断目前尚未形成其病理学、微生物学等现代诊断方法，诊断黄粉虫疾病主要是通过观察其症状表现来发现。在饲养过程中，健壮的黄粉虫行动敏捷，成虫行动有匆忙慌张之态，幼虫爬行较快，食欲旺盛。幼虫在休眠期、成虫羽化不久或天气过冷时行动迟缓，但如果这些虫体态健壮，身体光泽透亮，体色正常则并非是病态。发现虫体软弱无力，体色不正常，吃食不正常，就要注意黄粉虫是否可能有病。若发现有病，要及时采取药物治疗和其他相应的措施，控制疾病的传染，提高治疗效果。

三、消毒技术

准备用作饲养室的房子或大棚在使用之前，要进行彻底地消毒杀菌，以杀灭有害生物，保证黄粉虫健康生长。

1. 消毒杀菌的意义

消毒杀菌的范围包括饲养室与器具两方面。事实证明，若要让黄粉虫健康生长发育，就要经常进行消毒杀菌。在夏季，因饲养室湿度较大、空气污浊，也是病菌孳生的场所，有时甚至会导致黄粉虫成批死亡，给养殖户带来经济损失。因此，养殖户一定要经常进行消毒杀菌，还要掌握正确的方法。

2. 常用消毒药

(1) 20%～30%草木灰（主含碳酸钾）：取筛过的草木灰 10～15 千克，加水 35～40 千克搅拌均匀后，持续煮沸 1 小时，补足蒸发的水分即成。主要用于黄粉虫饲养房舍、墙壁及养殖用具的消毒。应注意水温在 50～70℃ 时效果最好。

(2) 新洁尔灭溶液：用于用具等消毒，配制成 1:1000～1:2000 的水溶液。

(3) 来苏儿（煤酚皂溶液）：2.5 千克加水 47.5 千克，拌匀即成。用于用具及场地的消毒，用于用具消毒时也要清洗干净。

(4) 福尔马林（37%～40%甲醛溶液）：有较强的杀菌作用，能杀灭多种细菌。

(5) 氢氧化钠（烧碱）：取火碱 1 千克，加水 49 千克，充分溶解后即成 2% 的火碱水。如加入少许食盐，可增强杀菌力。冬季要防止溶液冻结。常用于黄粉虫发生感染时的环境及用具的消毒。因有强烈的腐蚀性，应注意不要用于金属器械及纺织品的消毒，更应避免接触黄粉虫，饲养用具消毒后要用自来水清洗干净，以免伤害黄粉虫。

(6) 生石灰（氧化钙）：取生石灰块 5 千克，加水 25～30 千克，使其化为粉状。主要用于黄粉虫房舍内地面及场所的消毒，兼有吸潮湿作用，过久无效。

(7) 10%～20% 石灰乳（氢氧化钙）：取生石灰 5 千克加水 5 千克，待化为糊后，再加入 40～45 千克水即成。用于黄粉虫饲养房舍及场地的消毒，现配现用，搅拌均匀。

(8) 漂白粉：用于饲养房、地面等消毒，一般配成 2%～5% 的混悬液对空喷雾，用时新鲜配制。

(9) 高锰酸钾溶液：5 克高锰酸钾加水 1 千克，充分溶解搅拌为溶液。主要用于黄粉虫饲养用具的消毒。

(10) 硫酸铜：有明显的杀菌作用，可用 0.1% 浓度进行喷雾。

3. 消毒方法

(1) 通风：通风虽不能杀死病菌，但有改善室内空气和稀释病菌的作用。尤其是在冬季饲养室密封时，燃烧升温要消耗氧气,若不注意通风换气进行增氧,则有可能妨碍黄粉虫的健康生长。因此,养殖户一定要注意通风,保持饲养室空气清新。在炎热的夏季,通风也有降温的作用。

(2) 日晒:日光中因含有紫外线可杀灭一部分病菌,养殖户可利用阳光这种廉价有效的消毒剂,将养殖器具经常进行暴晒灭菌。

(3) 用药

①环境消毒:饲养房周围环境每2~3个月用火碱液消毒或撒生石灰1次。

②饲养房消毒:清除、清扫→冲洗→干燥→第一次化学消毒→10%石灰乳粉刷墙壁和天棚→移入已洗净的器具等→第二次化学消毒→干燥→甲醛熏蒸消毒。清扫、冲洗、消毒要细致认真,一般先顶棚,后墙壁,再地面,先室内,后环境,逐步进行,不允许留死角或空白。第一次消毒,要选择碱性消毒剂,如1%~2%烧碱、10%石灰乳。第二次消毒,选择常规浓度的氯制剂、表面活性剂、酚类消毒剂、氧化剂等用高压喷雾器按顺序喷洒。第三次消毒用甲醛熏蒸,熏蒸时要求饲养房的湿度70%以上,温度10℃以上。消毒剂量为每立方米体积用福尔马林42毫升加42毫升水,再加入21克高锰酸钾。1~2天后打开门窗,通风晾干饲养房。各次消毒的间隔应在前一次清洗、消毒干燥后,再进行下一次消毒。

③用具消毒:饲养用具可先用0.1%新洁尔灭或0.2%~0.5%过氧乙酸消毒,然后在密闭的室内于15~

18℃温度下，用甲醛熏蒸消毒 5～10 小时。工作人员的手可用 0.2%新洁尔灭水清洗消毒，忌与肥皂共用。

四、常见病害防治

1. 干枯病

（1）病因：发病原因主要是空气干燥，气温偏高，饲料含水量过低，使黄粉虫体内严重缺水而发病。一般在冬天用煤炉加温时，或者在炎夏连续数日高温（超过 39℃无雨时），易出现此类症状。

（2）症状：先从头尾部发生干枯，再慢慢发展到整体干枯僵硬而死。幼虫与蛹患干枯病后，根据虫体变质与否，又可分为"黄枯"与"黑枯"两种表现。"黄枯"是死虫体色发黄而未变质的枯死；"黑枯"是死虫体色发黑已经变质的枯死。

（3）防治

①在酷暑高温的夏季，应将饲养盒放至凉爽通风的场所，或打开门窗通风，及时补充各种维生素和青饲料，并在地上洒水降温，防止此病的发生。在冬季用煤炉加温时，要经常用温湿度表测量饲养室的空气湿度，一旦低于 55%，就要向地上洒水增湿，或加大饲料中的水分，或多给青饲料，预防此病的发生。

②对干枯发黑而死的黄粉虫，要及时挑出扔掉，防止

健康虫吞吃生病。

2. 腐烂病（软腐病）

（1）病因：此病多发生于湿度大、温度低的多雨季节。因饲养场所空气潮湿，饲料湿度大或虫体密度大等养殖管理不科学所造成的，或者过筛用力幅度过大造成虫体受伤，再加上管理不好，粪便及饲料受到污染而发病。

（2）症状：表现为病虫行动迟缓、食欲下降、产卵少、排黑便，重者虫体变黑、变软、腐烂而死亡。病虫排的黑便还会污染其他虫，如不及时处理，甚至会造成整盒虫全部死亡，是一种危害较为严重的疾病，也是夏季主要预防的疾病。

（3）防治

①保持室内通风干燥，减少或停喂青饲料，不投喂发霉变质的饲料。

②清理残饵及粪便，及时隔离，拣除病虫，以防止互相感染。

③保持合理的密度。

④过筛时，动作要轻，以减少虫体受伤的机会。

⑤发病后用 0.25 克金霉素粉拌入 0.5 千克饲料投喂。

3. 黑头病

（1）病因：据观察，发生黑头病的原因是黄粉虫吃了自己的虫粪造成的。这与养殖户管理不当或不懂得养殖技术有关。在虫粪未筛净时又投入了青饲料，导致虫粪与青饲料混合在一起，被黄粉虫误食而发病。

（2）症状：先从头部发病变黑，再逐渐蔓延到整个身体而死，有的仅头部发黑就会死亡。虫体死亡后一般呈干枯状，也可呈腐烂状（也有人认为黑头病属于干枯病）。

（3）防治

①此病系人为造成，提高工作责任心或掌握饲养技术后就能避免。

②死亡的黄粉虫已经变质，要及时挑出扔掉，防止被健康虫吞吃生病。

4. 黑霉病

（1）病因：黑霉病也称真菌病或黑斑病，是一种季节性很强的病害。黑霉病的发病环境，主要是环境的湿度太大，潮湿时间过长。在这种环境条件下，真菌大量繁殖，并趁虫体抵抗能力在高温高湿下大大削弱的机会，随呼吸道及消化道侵入体内，感染虫体各要害脏器，引起体内机能发生障碍，甚至脏器病变，最终致病，产生致命性危害。

（2）症状：黑霉病发病季节性很强，一般多集中在秋季，且往往大面积染病，虫群表现出程度不一的病症。

黄粉虫感染黑霉病以后，主要临床症状表现为后腹不能卷曲，肌肉松弛，全身柔软，弹性降低，行动呆滞，活动明显减少。此时，食欲大大减小，甚至废绝。天长日久，身体消耗很大，体重减轻，体色光泽消退。仔细观察，发现病虫前腹面有黑色小斑点，大小不一。如果发病时间长，没有得到及时治疗，会发生病虫死亡，并在死亡体上逐渐长出菌丝体，虫体随之被消耗。

（3）防治：向地面洒上福尔马林溶液等，并用金霉素水溶液（0.25 克金霉素 1 片，研粉加水 400 克，配成 0.05%～0.06%的水溶液）洒浇虫群。另外还要消毒。

5. 黑腹病

（1）病因：病因是食入不洁发臭的食物或水而引起。

（2）症状：患黑腹病后，前腹部发胀变黑而死。

（3）防治：防治本病主要是消除腐食和污水，保持清洁的环境。

五、天敌的防犯

黄粉虫个体小，易遭小型动物的袭击。在养黄粉虫过程中，加强对天敌的防犯，人为保护黄粉虫，也是饲养管理的一个重要环节。

1. 螨虫的防治

一般在 7～9 月高温、高湿季节，容易发生螨虫病害。饵料带螨卵是螨害发生的主要原因。螨虫一般生活在饵料的表面，可发现集群的白色蠕动的螨虫，寄生于已经变质的饲料和腐烂的虫体内，它们取食黄粉虫卵，叮咬或吃掉弱小幼虫和正在蜕皮的中幼虫，污染饲料。即使不能吃掉黄粉虫，也会搅扰得黄粉虫日夜不得安宁，使虫体受到侵害而日趋衰弱，食欲不振而陆续死亡。

（1）防治

①选择健康种虫：在选虫种时，应选活性强、不带病的个体。

②防止病从口入：对于黄粉虫饵料，应该无杂虫、无霉变，在梅雨季节要密封贮存，米糠、麦麸、土杂粮面、粗玉米面最好先暴晒消毒后再投喂。掺在饵料中的果皮、蔬菜、野菜湿度不能太大。还要及时清除虫粪、残食，保持食盘的清洁和干燥。如果发现饵料带螨，可移至太阳下晒 5～10 分钟（饵料平摊开）即可以杀灭螨虫。加工饵料应经日晒或膨化、消毒、灭菌处理，或对麦麸、米糠、豆饼等饵料炒、烫、蒸、煮熟后再投喂。且投量要适当，不宜过多。

③场地消毒：饲养场地及设备要定期喷洒杀菌剂及杀螨剂。一般用 0.1％的高锰酸钾溶液对饲养室、食盘、饮水器进行喷洒消毒杀螨。还可用 40％的三氯杀螨酸 1000 倍溶液喷洒饲养场所，如墙角、饲养箱、喂虫器皿等，或者直接喷洒在饵料上，杀螨效果可达到 80％～95％。也可用 40％三氯杀螨醇乳油稀释 1000～1500 倍液，喷雾地面，切不可过湿。一般 7 天喷 1 次，连喷 2～3 次，效果较好。

（2）诱杀螨虫

①将油炸的鸡、鱼骨头放入饲养池，或用草绳浸米泔水，晾干后再放入池内诱杀螨类，每隔 2 小时取出用火焚烧。也可用煮过的骨头或油条用纱网包缠后放在盒中，数小时后将附有螨虫的骨头或油条拿出扔掉即可，能诱杀

90%以上的螨虫。

②把纱布平放在地面，上放半干半湿混有鸡、鸭粪的土，再加入一些炒香的豆饼、菜籽饼等，厚1～2厘米，螨虫嗅到香味，会穿过纱布进入取食。1～2天后取出，可诱到大量螨虫。或把麦麸泡制后捏成直径1～2厘米的小团，白天分几处放置在养殖盘表面，螨虫会蜂拥而上吞吃。过1～2小时再把麸团连螨虫一起取出，连续多次可除去70%的螨虫。

2. 蚁害的防治

蚂蚁对黄粉虫危害最大。蚂蚁是一种社会性、集群性动物，单个个体小，可以无孔不入，很容易侵入黄粉虫场，然后集聚起来，向黄粉虫发起集团进攻。蚂蚁主要进攻对象是防卫能力相对较低的小黄粉虫以及基本失去防御能力的正在蜕皮的黄粉虫，也经常攻击处于繁殖期的母黄粉虫。有时，蚂蚁数量很大，还能够靠群体力量围攻健壮的成黄粉虫，将其吃掉。并非所有的蚂蚁都能攻击黄粉虫群，一般只有小黑蚁和小白蚁最具攻击性，而体型较大的蚂蚁反而威胁较小，有时还往往成为黄粉虫的美餐。

（1）诱杀法

①在养殖场四周挖水为阻止蚂蚁进入，也可以在养殖场四周撒上3%的氯丹粉阻止蚂蚁进入。

②找到蚁窝，在蚁窝附近，放置煮熟的动物骨头，诱来大批蚂蚁，然后将附满蚂蚁的骨头用钳夹起，扔进煤油桶中杀死，或直接投入火中烧死。这种方法，只能杀灭部

分蚂蚁，远远达不到根绝目的，可减轻蚁害。但是，这种方法方便易行，且适宜在敞地进行，又对黄粉虫群不产生危害。

③取硼砂 50 克，白糖 400 克，水 800 克，充分溶解后，分装在小器皿内，并放在蚂蚁经常出没的地方，蚂蚁闻到白糖味时，极喜欢前来吸吮白糖液，而导致中毒死亡。

④用慢性新蚁药"蟑蚁净"放置在蚂蚁出没的地方，蚂蚁把此药拖入巢穴后，2～3 天后可把整窝蚂蚁全部杀死。

（2）熏蒸：对于没有放养种黄粉虫的黄粉虫房（新建黄粉虫房或迁出后的空房），用磷化铝片封闭熏蒸，几个小时后，再开门通风、清除污气，即可达到灭蚁的目的。由于此气对人、黄粉虫均有害，所以必须小心使用。这种方法可以达到斩草除根的效果。

（3）灌穴：对于能迅速、准确找到蚁穴的情况，也常采取药灌蚁穴的方法进行堵洞灭蚁。用除虫净原液灌入蚁穴，即可在短时间内杀灭蚂蚁及蚁穴中的蚁卵，达到根除。但是，由于除虫净也可毒杀黄粉虫子，因此，灌穴时必须距黄粉虫窝 50 厘米以上，灌后立即用塑料膜封盖洞穴，既可防止蚂蚁爬出逃脱，又可防止黄粉虫与之接触而受到影响。这种方法可在几种饲养类型中采用。

（4）清水隔离法：用箱、盆等用具饲养黄粉虫时，把支撑箱、盆的 4 条腿各放入 1 个能盛水的容器内，再把容器加满清水。只要容器内保持一定的水面，蚂蚁就不会侵染黄粉虫。

（5）生石灰驱避法

①可在养殖黄粉虫的缸、池、盆等器具四周，每平方米均匀撒施 2～3 千克生石灰，并保持生石灰的环形宽度 20～30 厘米，利用生石灰的腐蚀性，对蚂蚁有驱逐作用，并且蚂蚁触及生石灰后，体表会沾上生石灰而感到不适，使蚂蚁不敢去袭击黄粉虫。

②蚂蚁惧怕西红柿秧气味，将藤秧切碎撒在养殖池周围，可防止侵入。

3. 鼠害的防治

对黄粉虫危害较大的啮齿类动物，主要是老鼠。对于黄粉虫来说，老鼠可以说是最难防治的天敌。老鼠不仅吃黄粉虫，而且还将大批黄粉虫一一咬死，并非吃饱即走。加之老鼠天生具有打洞本领，能用锐利的牙及爪掘开干硬的墙壁、地面，进入黄粉虫场，因此对房养有很大的危害。

养殖户要特别注意观察，以免老鼠侵入饲养室，造成损失。

（1）室内墙壁角要硬化，不留孔洞缝隙，出入的门要严密，以免老鼠入内。门、窗和饲养盆加封铁窗纱，经常打扫饲养室，清除污物垃圾等，使老鼠无藏身之地。

（2）一旦发现可用人工捕杀，或用鼠夹和药物毒杀，定时检查，清除死鼠。也可在饲养室内养一只猫来驱鼠。若老鼠实在难防，就要以充足的饲料来防鼠。据观察，若麦麸等饲料充足，老鼠一般只吃粮食，不吃黄粉虫。若没有饲料或饲料量少，则侵害黄粉虫。

4. 壁虎

壁虎很喜欢偷吃黄粉虫，是培育黄粉虫的一大敌害，而且较难防范。一旦培育的黄粉虫被壁虎发现，它会天天夜里来偷吃。因此要彻底清扫培育室，堵塞一切壁虎藏身之地，门窗装上纱网，防止壁虎进入。

5. 鸟类

黄粉虫是一切鸟类的可口饲料，若培育室开窗时，往往有麻雀进入室内偷吃，一只麻雀一次可以偷吃几十条幼虫。因此关好纱窗，防止鸟类入室，开窗时要有人看护是最好的防治方法。

6. 其他敌害的防治

黄粉虫其他的敌害还有蟑螂、蟾蜍、鸡、鸭、鹅等。因此发现且及时消灭，在培育室四周挖水沟或在培育槽的架脚处撒石灰粉可防治蟑螂、蟾蜍等也是不错的方法。

第 *8* 章
运输与贮存

以黄粉虫工厂化规模生产技术为基础，虫种及大批量生产的商品黄粉虫、黄粉虫加工产品必然会遇到贮存与运输问题。

一、贮　存

在工厂化养殖黄粉虫产量过大时，若一时不能全部利用，可以将黄粉虫临时贮存起来。贮存分为鲜贮与干贮两种形式。

鲜贮主要是冷冻贮存，将鲜虫经清洗或蒸煮后加以包装，待晾至常温后放入冰箱或冷库中进行冷冻，在零下15℃以下的温度可以保鲜 6 个月以上。冷贮的黄粉虫营养与味道与鲜虫相差无几，仍可作为饲料或食品利用。要冷冻的鲜虫一般用塑料袋包装，一包重 500～1000 克，包装好后放入零下 15℃ 的冰柜中冷冻，需要时可以随时取出。也可以使用保鲜盒。

干贮是将幼虫用微波炉烘干或制成虫粉后，用厚塑料袋严密包装起来，放在常温下或低温下贮存备用。贮存时间一般不超过 3 个月。

二、运　输

黄粉虫的运输一般可以分为活体运输和加工原料虫体运输。

1. 黄粉虫的活体运输

根据虫态不同又可以分为静止虫态（卵、蛹）和活动虫态（幼虫、成虫，以幼虫为主）两种方式，一般仅限于短距离的运输。运输卵（卵卡）最为方便与安全，远距离以邮寄卵卡为主要方式，也可以将卵同产卵麸糠和虫粪沙混合运输。

如果要运输成虫，因为它的爬越能力较强，除在运输桶内添加一些麦麸外，还应在箱子和桶上罩上纱网，整个运输过程中要避免挤压和湿水。

黄粉虫幼虫在运输过程中会反复受到震动和惊扰，黄粉虫不停地爬动、不断地活动，虫与虫之间互相挤压，又因虫口密度大，互相拥挤摩擦发热，使局部环境温度增高，特别是夏季运输时，虫间温度可达 40℃以上，因而造成大量死亡。在活虫运输前两天内最好不要喂青饲料，因为在运输过程中气温的变化过于频繁，虫子的活动量会偏大，活虫体内的水分容易流失，如果车厢里通风效果不好的话，很容易造成饲养盒内的温度升高，若不及时发现处理的话就会造成不必要的损失。每 10 千克 1 箱（或 1 桶），这样包装一般不会造成黄粉虫大量死亡。一袋（桶、箱）10 千克虫子经 1 小时的运输，袋（桶、箱）中的温度可升高 5～10℃，所以在运输包装袋（桶、箱）内掺入为黄粉虫重量30％～50％的虫粪。虫粪最好是大龄幼虫所产的粪便，颗粒较大，便于幼虫在摩擦后产生温度的散发。虫粪的添加量根据天气情况决定，一般采用添加虫体总重量 1/3 的虫粪，但是夏天气温达 30℃时，虫粪量要加到虫重的 50％。以编织袋装虫及虫粪（袋装 1/3 量）可平摊于养虫箱底部，厚度不超过 5 厘米，箱子可以叠放装车，运输过程中要随时观察温度变化情况，如温度过高，要及时采取通风措施。

根据运输虫量先选择好运输工具，运输工具最好是敞篷的高栏车，上面可以遮盖雨布的最好，以预防运输途中不良天气。装虫的饲养盘最好是实木的，那样会有较强的支撑力，根据气候和运输道路的远近决定每个饲养盘该装多少幼虫。气温在不超过 20℃的情况下每个标准饲养盘可装 5～8 龄幼虫 2～3 千克，而且饲养盘里面还要添加虫体总重量 1/3 的虫粪。

在装车完毕后一定要将饲养盒整体与车厢固定在一起，以免在运输途中遇见不平整的路面时饲养盒产生侧翻导致虫子洒落在车厢的底部，给卸车带来不必要的麻烦。气温在 25℃以下时运输活虫，可不考虑降温措施，相反在冬季要考虑如何保温。

在运输途中，虫口密集在袋内，如果气温较高，虫体所产生的热量不能很快地散出，袋内温度急剧增高，就会导致黄粉虫因受热而死，造成不必要的损失。因此，夏秋季节运输黄粉虫是十分危险的。为了避免这种损失，夏秋季节在平均气温达到 30℃左右时，应特别注意。

2. 黄粉虫的加工原料虫体运输

根据加工方法和加工目标的不同，可以分为冷冻储存运输和干燥虫体运输。冷冻贮存运输，利用冷藏运输车即可实现。干燥虫体的制作可以利用电烘箱、微波炉、晾晒等途径。

第 **9** 章

黄粉虫的
应用和开发

当黄粉虫幼虫长到2～3厘米时，除筛选留足良种外，其余均可作为饲料使用。使用时可直接将活虫投喂家禽和特种水产动物等，也可把黄粉虫磨成粉或浆后，拌入饲料中饲喂。一般喂猪适用虫粉，水产动物和幼禽适宜喂虫浆、鲜虫等。

一、科学实验材料

在 20 世纪 70 年代，科技界有关人士就发现黄粉虫好饲养，饲料易得，可做教学、科研的实验材料。如节肢动物的解剖及对其循环系统和消化系统的观察等。在黄粉虫的饲料中加入微量染色剂，幼虫食用后染色剂可融于虫子体液中，可从幼虫背部看到黄粉虫血液的流动情况，从而了解节肢动物循环系统的结构及血液的循环过程。

黄粉虫应用于生物学教学，可通过观察黄粉虫的生长过程、繁殖过程来了解昆虫的生活史、生物学习性、外部形态和内部结构等。应用黄粉虫作为实验材料，不仅可给人十分深刻的印象，而且可锻炼学生的动手能力和实验操作技能。

新型农药的研制要通过对害虫的药效试验，黄粉虫则是最常用的仓库害虫代表。由于虫源材料丰富，药效实验可做得详尽而可靠。黄粉虫应用于科研与教学方面尚有其他许多实例。

二、喂养经济动物

黄粉虫可用于饲喂珍禽和观赏动物，也可饲喂蝎子、蜈蚣、蛇、鳖、鱼、牛蛙、蛤蚧、热带鱼和金鱼等经济动物，均能获得较好的效益。近年来，也有用黄粉虫饲喂雏鸡、鹌鹑、乌鸡、斗鸡、鸭、鹅等禽类的。用黄粉虫喂养雏禽生长发育快，产卵期提前，繁殖率及成活率都有提高，而且可以增强其抗病能力。

在此要强调一下的是作为动物饲料饲喂中应注意卫生。以黄粉虫活体作为饲料具有很多优点，但在饲喂水生动物时要特别注意饲喂时间和饲喂量。因为将黄粉虫放进水中后不到 10 分钟就会被淹死，1 小时后开始腐烂。如果投放的黄粉虫量大，短时间内吃不完，时间长了水会被污染，而所养动物食用了腐败的黄粉虫也会得病。因此，在水中投放黄粉虫要选在动物饥饿时，投放量以短时间内能食完为度。

1. 饲喂雏鸡

黄粉虫做高蛋白活体饲料喂养雏鸡能大大提高雏鸡的成活率，缩短雏鸡的生长周期。科学地使用黄粉虫活体饲料能显著提高雏鸡的免疫力和抗病能力。和普通的饲料相比用黄粉虫喂养雏鸡的成活比率比普通饲料喂养雏鸡成活比率高出了 16 个百分点。

但用黄粉虫喂养雏鸡应注意以下两个问题：

（1）喂养雏鸡用的黄粉虫可以用已经死亡的或刚死亡不久的，但不能用死亡后变质腐烂严重的死虫来喂养雏鸡，那样会给雏鸡带来病菌感染导致体质弱的雏鸡死亡。

（2）不能过量投喂。因为黄粉虫体内粗蛋白含量高达 56%～65%，粗脂肪含量高达 30%～34%。对雏鸡过量的投喂黄粉虫会造成雏鸡体内营养均衡失调并带来一系列并发症（如萎靡不振、行动迟缓、眼睛出现炎症、拉稀等症状），一旦发生此现象时要立即减少投喂量或停喂，采取相应措施，如多喂青饲料，多喂水，多喂含维生素高的鸡饲料。

2. 饲喂画眉鸟

在饲喂画眉鸟应用人工配合饲料的同时适量投喂黄粉虫，可增强其抗病力，而且可使其羽毛光亮，鸣叫声洪亮。

现介绍几种以黄粉虫为原料的画眉饲料的配制方法和饲喂方法。

（1）虫浆米：黄粉虫老熟幼虫30克，小米100克，花生粉（花生米炒熟后研成粉）15克。将纯净的黄粉虫老熟幼虫放于细筛子中，用自来水冲洗干净，再用适量清水烧开后将虫子放入煮3分钟捞出。用家用电动粉碎机或绞肉机将虫子绞成肉浆。将虫浆与小米放在容器中拌匀，放入笼中蒸15分钟，取出搓开，使呈松散状，平放在盘中，晾晒干后即可使用。

（2）虫干：取黄粉虫幼虫，筛除虫粪，拣去杂质死虫。冲洗后放于沸水中3分钟，捞出装入纱布袋子中，在脱水机（洗衣机的脱水桶即可）中脱水3分钟，然后放在纸上置于室外晾晒2～3天（也可在干燥箱中以65～80℃烘烤），待虫体完全干燥后收贮待用。黄粉虫干可直接饲喂画眉，也可研成粉拌入配合饲料中饲喂。虫干饲喂画眉时要特别注意虫体卫生。如果处理不卫生，虫体含水量超过6％容易变质或发霉，鸟食用后会患肠炎。特别在夏季，尽可能不用死虫子喂鸟，以虫粉拌入饲料中饲喂效果较好。虫干和虫粉均应以塑料袋封装冷冻保存。

（3）活虫：以活的黄粉虫喂画眉要讲究方法。黄粉虫脂肪含量较高，若饲喂的黄粉虫过量，鸟又缺乏运动，会造成画眉脂肪代谢紊乱，并使鸟体内堆积过多脂肪，体重增加过多而患肥胖症，特别是成年画眉较易发胖。所以黄粉虫一般不宜作单一饲料喂画眉，应在饲喂其他饲料的同时加喂，饲喂量一般为每只鸟每天喂 8～16 条为宜。年轻体质好、活动量大的鸟可适当多喂些，年老体弱的鸟应少喂一些。给画眉喂黄粉虫时，可用手拿着喂，也可用瓷罐装虫子喂。瓷罐内侧面要光滑，以使虫子不能爬出罐外，罐内不能有水和杂物。

大多数画眉食用黄粉虫后都生长得很好，少数鸟若食得过多时会出现精神不佳，饮水量增加，排便多，常排稀汤样粪便，这多是发生了肠炎。

3. 饲喂百灵鸟

黄粉虫喂百灵鸟与喂养画眉基本相同，在喂黄粉虫的同时适量投喂小米、蔬菜及瓜果类。饲喂百灵鸟要喂活虫子，死虫子喂百灵鸟会引起肠炎，甚至死亡。

4. 喂养蝎子

蝎子是食虫性动物，黄粉虫是蝎子的优良饲料，蝎子养殖户常用黄粉虫来喂养蝎子。养殖黄粉虫也是养蝎技术不可缺少的内容。

　　喂蝎子以喂黄粉虫幼虫较合适，投喂量须根据蝎龄的大小及蝎子捕食的能力来确定。若给幼蝎喂较大的黄粉虫，幼蝎捕食能力弱，捕不到食物，会影响其生长，有时幼蝎还会被较大的黄粉虫咬伤。若给成年蝎子喂小虫子则会造成浪费，所以应依据蝎子的大小选投大小适宜的黄粉虫，一般幼蝎投喂1～1.5厘米长的黄粉虫幼虫较为适宜。

　　黄粉虫是十分理想的蝎子饲料，只要养蝎场不是十分潮湿，投入的活黄粉虫仍可与蝎子共同生存好长时间，另外黄粉虫还可取食蝎场内的杂物及蝎子粪便。在选虫作蝎子饲料时要注意以下几点：要投喂鲜活的黄粉虫，运动中的黄粉虫易被蝎子发现和捕捉。活虫子也不会对蝎窝造成污染；喂幼蝎时要用较小的虫子，必要时应现场观察幼蝎捕食黄粉虫的情况，确定是否需要投喂更小的一些虫子；在蝎子取食高峰期，投虫量应宁多勿缺；蝎子一般夜间出来捕食，要保证夜间有足够量的食物在蝎窝中，防止蝎群互相残杀；养蝎房同时养黄粉虫，可保证蝎子常能吃到新鲜虫子，还能降低养蝎成本。

5. 喂养鳖

　　用黄粉虫喂鳖效果十分理想。鳖对饵料的蛋白质含量要求较高，一般最佳饲料蛋白含量在40％～50％。黄粉虫蛋白质含量相当高，适合做鳖的饲料，且黄粉虫干粉中的必需氨基酸配比也适宜动物体吸收转化。鳖对饲料的脂肪及热量的需求也与黄粉虫的含量相当。以鲜活黄粉虫喂鳖可补充多种维生素、微量元素及植物饲料中缺乏的营养物质，并提高鳖的生活力和抗病能力，所以黄粉虫是人工养鳖较理想的饲料。

以黄粉虫养鳖不同于养鸟和养蝎子，因鳖在水中取食，要考虑到黄粉虫在水中的存活时间。将活黄粉虫投入水中后，因水浸入虫子腹部气门，虫子会在 10 分钟内窒息死亡，在 20℃以上水温 2 小时后开始腐败，虫体发黑变软，然后逐渐变臭。虫体开始变软发黑就不能作为饲料了。如果鳖继续取食腐烂的黄粉虫，就会引发疾病。因此，以黄粉虫喂鳖，首先要掌握鳖的食量，投喂量以 2 小时内吃完为宜。春夏季水温在 25℃以上时，鳖食量较大，1 天可投喂 2～3 次，投虫时将虫子放在饲料台上，第二次投喂时要观察前 1 次投放的虫子是否已被鳖食尽，若未食尽则不要继续投喂。秋冬季水温在 16～20℃时鳖的食量较小，每天投喂 1 次黄粉虫即可。如果有人工加温条件的，水温在 25℃左右则可增加投次数，最好是"少吃多餐"，以保证虫体新鲜。鳖生长季节鲜虫的日投喂量为鳖体重的 10％左右较适宜。

6. 喂养蟾蜍

蟾蜍捕食黄粉虫十分活跃，30 克重的蟾蜍每次每只可捕食黄粉虫 4 克左右。食用黄粉虫和其他昆虫的蟾蜍死亡率有很大的降低，蟾酥产量可提高 10％以上。黄粉虫饲养容易，可保证蟾蜍饲料供给。

7. 喂养鱼类

用黄粉虫喂鱼，主要用于观赏、珍稀类的鱼种，如热带鱼、金鱼等，由于鱼类摄食方式多为吞食，投喂的黄粉虫虫体不可过大，否则鱼不能吞食，每次投虫量也不可过多，以免短时间内不能食完，出现虫子腐败现象。

8. 喂养蛇

蛇也是吞食性动物，常以蛙、雀、鼠等小动物为食，黄粉虫也可做蛇的饲料，黄粉虫更适合喂幼蛇。以黄粉虫喂成年蛇可与其他饲料配合成全价饲料，加工成适合蛇吞食的团状，投喂量要根据蛇的数量、大小及季节不同而区别对待，一般每月投喂 3～5 次。

9. 喂养其他经济动物

黄粉虫可饲喂数十种经济动物，食肉性、食虫性和杂食性动物，均可食用黄粉虫。饲喂方法也没有太大的区别。各地可根据各自的情况，采用适合自己的饲喂方法，主要应注意饲喂中的卫生问题。

三、虫粉的加工

鲜虫放入锅内炒干或将鲜虫放入开水冲煮 1～2 分钟捞出，置通风处晒干，也可放入烘干室烘干，然后用粉碎机粉碎即成虫粉。

根据前期处理的过程不同，黄粉虫虫粉可以分为原粉和脱脂虫粉两种。黄粉虫原粉是指将完全生长成熟的幼虫经烘干以后，不经任何处理直接粉碎而成的虫粉。由于黄粉虫脂肪含量高，直接粉碎有时易于导致粉碎机筛箩的黏糊。脱脂虫粉是指经过化学法或其他技术方法提取一定脂肪后的干燥的、粉碎的虫粉，可以延长保存期并提高蛋白质含量与质量。制成干品应该是今后主要的加工方向，因为只有干品才利于保存和出口。

干品（干虫）的制作方法为：一般小规模养殖户在制干黄粉虫时，用家用微波炉就能烘出符合出口要求的干品；大规模饲养场可用黄粉虫专用微波干燥设备，现在市场上已开发有这种微波干燥设备。用微波设备加工的黄粉虫进入微波设备后，即刻被微波杀死并迅速膨化，然后继续受微波的作用而脱水，从而达到干燥与膨化的目的。这样加工出来的黄粉虫干品含水量易控制，干燥均匀，不变色，营养成分不会被破坏，黄粉虫富含的蛋白质等物质也不会因炭化而变质。制干的比例一般是 1.5 千克鲜虫烘出 0.5 千克干虫。干品标准是：黄粉虫干品含水量＜6%，一般以加工后干虫的虫体长度判断等级标准（一等 33 毫米以上，二等 25～32 毫米，三等 20～24 毫米），金黄色，无杂质，手捏即碎。

随着黄粉虫产业在国内的发展，黄粉虫养殖技术日渐被人们所掌握，并走向成熟，但是黄粉虫制干过程也能影响产量，只有掌握了制干的技巧，才能有效保证鲜虫和虫干的制干比例。掌握黄粉虫的年龄不能凭个体大小来确定能否制干，黄粉虫和所有动植物一样，同龄虫子个体大小都不一样，有时候4龄虫的个体就能达到25毫米长，而发育不好的虫子个体在7龄时也达不到此长度，因此单凭个体大小来确定是否能制干是不准确的，4～5龄虫制干时，鲜虫和虫干的比例为3.5：1。6～7龄虫制干时，鲜虫和虫干的比例为3：1。夏季由于气温高，黄粉虫生长速度快，一般40天左右就能达到个体的长度（一般要货方只限制个体长度），但实际上其生长还没有达到成熟，各种成分都达不到所需指标，而且制干后，鲜虫与虫干的比例相差悬殊，一般3千克以上才能制干1千克。因此，黄粉虫制干应在8～10龄，必须达到或超过60天的生长期才能达到2.5千克鲜虫可以制干1千克黄粉虫虫干的比例。

要学会通过辨别颜色来确定是否达到了制干年龄。随着年龄的增长，黄粉虫的颜色由黑褐色变成棕红色再逐渐变成黄白色，也就是说到了8～10龄、颜色变成黄白色时，才达到了制干的年龄。

要防止进入喂食增值的误区。有的养殖户在制干前大量投喂青饲料，认为这样可以增加制干后的重量，殊不知，黄粉虫在大量进食青饲料后有利于它的消化，原有的重量反而会减轻。要掌握好制干时间，这是关键。现在黄粉虫的制干一般都采用微波干燥，虽然微波是程序式的，但如果电压不稳定、技术掌握不好，也会出现成品不干和过干、烧锅现象。黄粉虫制干过程中，一般电压在220伏时需要7～10分钟，电压不稳定时要注意掌握好时间，这样才能确保虫子的质量和产量。黄粉虫干品产品既然是出口的常规制品，加工就要参照进口要求标准。作为饲料原料的黄粉虫，除了用以上标准鉴别以外，其原料还应该符合国家关于高蛋白饲料的质量标准，如蛋白质含量、脂肪含量、卫生指标等相关要求标准。黄粉虫加工工艺就是如上述以纯天然高蛋白黄粉虫为原料经过严格的排杂、灭菌、烘焙等过程加工。如果用于保健品和化妆品，应以鲜活的黄粉虫为原料，为了有效保护其营养及活性物质，多采用低温真空干燥或超低温冻干技术。

四、黄粉虫食品的加工

黄粉虫作为食品叫汉虾，它是一种具有高蛋白、低脂肪和奇香特点的真正绿色昆虫食品。鲜黄粉虫的蛋白质含量高于鸡蛋、牛奶、柞蚕蛹。黄粉虫含蛋白质56.58%，脂肪28.20%，还含有氨基酸、脂肪酸、糖类、微量元素、维生素、几丁质、锌、铁、钙等多种常量元素及多种微量元素，且与人体的正常比例一致，很容易被吸收和利用，其营养成分高居各类活体动物之首，素有"动物蛋白王"的美誉。

黄粉虫食品的加工工艺有其特殊性，除了前期严格的排杂工艺外，黄粉虫还有虾类食品和乳品的双重特性。以黄粉虫制作的烘烤类食品具有昆虫蛋白质的特有香酥风味，适宜制作咸味食品及添加料。以黄粉虫制作的饮料系列饮品具有乳品及果仁香型口感，适宜制作高蛋白饮料或保健口服液。下面介绍几种加工黄粉虫食品的工艺流程。

1. 原形食品的加工

黄粉虫原形食品就是保持或基本保持虫体的原形加工制作的食品，是最普通的一种加工形式。原料可以是黄粉虫幼虫，也可以用蛹。成品颜色金黄，膨松酥脆，香味浓郁，鲜美适口。可制成麻辣、五香、酸甜等各种风味，供不同口味的人们选择食用。

（1）虫蛹白玉煲

【原料】黄粉虫蛹25克，水豆腐250克，葱白3克，姜丝3克，柠檬丝2克，椒盐适量，熟油10克，肉汤500克。

【制作方法】将黄粉虫蛹放入加葱、姜丝的开水锅泡锅，立即捞出，放入肉汤锅煨约20分钟取出。水豆腐焯水后，捞出入煲，放上黄粉虫蛹，加调料。煲放在煲仔炉上，用中火炖20分钟即可。

（2）虫蛹虾汤

【原料】黄粉虫蛹30克，虾40克，熟猪油15克，味精1克，料酒5克，精盐1.5克，葱5克，水淀粉5克，香油3克。

【制作方法】黄粉虫蛹冲洗干净，虾剪须洗净。净锅置中火上，下熟猪油烧至七成热，放入虾，炒变色，烹入料酒炒转至香，掺鲜汤400克，加黄粉虫烧开，放葱、味精、盐、水淀粉煮成汤，滴入香油即成。

（3）黄粉虫焖米饭

【原料】烹饪熟的黄粉虫幼虫1份，鸡蛋1只，植物油1茶匙，水3/4份，洋葱碎末1/4份，酱油4茶匙，大蒜头碎末1/8茶匙，米饭1份。

【制作方法】将鸡蛋倒入炖锅，搅动熟至呈片状，加入水、酱油、蒜末和洋葱末后再烹至沸腾。倒入米饭、黄粉虫，加盖，熄火，5分钟后食用。

（4）麻辣虫蛹

【原料】黄粉虫蛹、麻辣酱各适量。

【制作方法】将黄粉虫蛹洗净，油炸至微黄，然后拌入麻辣酱即可食用，特点是鲜香可口，风味独特。

（5）糖醋虫蛹

【原料】黄粉虫蛹、糖、醋各适量。

【制作方法】将黄粉虫蛹洗净，油炸至微黄，然后拌入糖、醋即成。

（6）蛋炒虫蛹

【原料】黄粉虫蛹、大蒜、香葱各适量，鸡蛋1只。

【制作方法】把黄粉虫冲洗干净，再把切碎的大蒜、香葱和黄粉虫蛹一起投入热油锅中翻炒一会儿，将鸡蛋调成糊状，加到有蛹的锅内继续炒制，直至鸡蛋熟透。

（7）家常虫蛹

【原料】黄粉虫蛹300克，韭黄100克，青红椒150克，片糖、姜花、料酒、胡椒粉、味精各适量。

【制作方法】把青红椒洗净去籽切粒，黄粉虫蛹洗净，捞起滤干。用胡椒粉、盐和少许料酒将蚕蛹腌透，使其炒起来具有肉味，将片糖碎成粉状。炒锅下油，放下蚕蛹慢火炒焦后，下姜花先炒，然后加入青红椒粒、韭黄、片糖粉炒熟，加酒调味上盘即可。

（8）蛹香肉丝

【原料】瘦猪肉250克，黄粉虫蛹20克，笋片、水发木耳各50克，蒜15克，泡辣椒20克，姜10克。

【制作方法】猪肉、笋片、木耳切丝放入碗加调料稍腌。黄粉虫蛹炸至深黄色，研碎与调料一起用肉汤烧开调成芡汁。肉丝在6成热的油中滑散，加姜、蒜、泡辣椒炒出浓香味，再下入笋片、木耳煸炒，淋入芡汁即成。

（9）油炸黄粉虫

【原料】黄粉虫500克，姜片5克，葱段10克，精盐5克，料酒15克，鸡蛋清2个，菱粉10克，花生油1000克。

【制作方法】黄粉虫放入80℃的热水中烫死，捞在凉水中，漂洗干净，放入碗中加入姜片、葱段、精盐、料酒腌渍20分钟，拣去姜葱。鸡蛋清磕入碗内，加菱粉搅拌成蛋粉浆。炒锅置火上，添入花生油烧至5成热时，将腌好的黄粉虫上好浆放入油锅滑散捞出，等油温升至6成热时，再放入炸成金黄色，捞出沥油装入盘中，随带椒盐上桌蘸食。

（10）干煸旱虾

【原料】旱虾200～300克，花椒末、盐、味精、色拉油、姜末、麻油、葱末、胡椒。

【制作方法】将旱虾下入80℃左右的油锅中炸至深黄色

捞出控油。炒锅上火，放入少许油用姜末炝锅，倒入旱虾，再加调好的花椒、盐、味精、胡椒、葱，淋上麻油翻锅装盘。

（11）嫦娥戏水

【原料】旱虾125克，鲩鱼250克（净肉）、盐、姜、味精、鸡蛋、小葱、上汤、色拉油。

【制作方法】将鱼肉斩成鱼茸，放入钵中加葱姜水、味精搅上劲，蛋清打泡兑入鱼茸中拌匀。锅上火加入冷水，鱼茸挤成丸放入锅中，熟后捞起待用。锅上火加少许油、姜末，放入旱虾煸1分钟，加上汤、鱼丸，调好味，沸后起锅装盘上桌。

（12）旱虾煎蛋

【原料】鸡蛋6～7枚，旱虾225克，猪油、味精、盐、葱花、鲜奶少许。

【制作方法】将鸡蛋打破放入盆中，加盐、味精、葱花、鲜奶。加入切段旱虾一起搅拌均匀。炒锅上火，放入适量猪油烧至140～180℃时倒入蛋液，用中火煎至两面金黄，起锅装盘即成。

（13）彩盏虫蛹

【原料】干虫蛹、虾片、色拉油、花椒、八角、精盐、青红椒适量。

【制作方法】青红椒切细丝备用。勺内加油上火至五成热下入虾片炸起后倒出沥油，取炸好的虾片摆盘内，净勺上火，下干虫蛹和椒丝，加调料炒匀，盛入彩盏内即可。

（14）香椿虫蛹

【原料】干虫蛹、香椿、精盐、味精、香油等。

【制作方法】将香椿洗净，入沸水中余一下过凉，切成碎末加精盐、味精稍腌入味。干虫蛹炒熟，加腌入味的香椿，调拌均匀，淋入香油即成。特点：营养丰富、香椿味浓。

2. 黄粉虫罐头

选择体态完整的黄粉虫幼虫或蛹，经过清蒸、红烧、油炸、五香腌制等不同的调味加工，制成各种风味罐头。使其具有经久耐藏、营养丰富、口味独特、食用方便的特点。

(1) 加工原料：黄粉虫1千克，鸡蛋清0.15千克，料酒0.05千克，葱0.08千克，姜0.04千克，花椒0.01千克，陈皮0.005千克，大茴香0.08千克，小茴香0.08千克，酱油0.06千克，植物油适量，味精0.01千克，盐0.02千克，冰糖0.12千克。

(2) 加工设备：不锈钢高温高压灭菌锅、不锈钢夹层锅、真空封罐机、多功能粉碎机、电子台秤、玻璃罐。

(3) 工艺流程：活虫预检→清洗去杂→灭杀→油炸→调味→装罐→排气→密封→杀菌→冷却→成品。

(4) 加工要点

①活虫预检：黄粉虫近2个月发育成熟，加工原料一般选取60天左右的健康成虫，体型大小均匀一致，爬动灵活无病害。加工前3小时内将黄粉虫单独选出置于洁净容器内喂食，使其排净身体内的废物。

②清洗去杂：取干净水盆，盆中配置2%淡盐水，把黄粉虫置于淡盐水中清洗。清洗时间在 10 分钟左右，清洗到虫体表面光洁为止，不要用钝器搅拌清洗，防止破坏虫体表皮而影响外观。

③灭杀：将黄粉虫置于沸水中 20 秒即可全部杀死，且虫体形状保持较好。杀灭后及时从水中捞出，沥干水分。

④油炸：把沥干水分的黄粉虫放到油锅里油炸，炸油最好选用花生油或菜籽油。炸油温度保持在180℃，油炸之前要在虫体表面薄薄地裹一层鸡蛋清。油炸时间 1～2 分钟即可，炸至虫体表面金黄即可出锅。

⑤调味：待虫体冷却后进行调味。葱、姜切成碎末。将大小茴香、陈皮、花椒洗净、磨碎，加 1000 克水熬煮 30 分钟，浓缩至 500 克。过滤后加入料酒、味精、酱油、冰糖、盐等，搅拌溶解均匀后再熬煮 10 分钟，熬煮过程中及时撇除浮沫及污物。汤汁冷却后同黄粉虫搅拌均匀后静置 2 小时，入味后即可进行装罐。

⑥排气密封：采用热力排气法和真空封罐，真空度达到了 0.05MPa 以上。封罐采用真空封罐机，封罐后及时检验，剔除封口不良罐。

⑦杀菌冷却：采用高压杀菌法，杀菌式 $10'\sim 55'/121℃$，杀菌时间为 15 分钟左右，杀菌后立即冷却至 40℃后出锅。

⑧成品出锅：清洗罐面后入保温库，37℃条件保温 7 昼夜，同时作微生物和理化指标检验，检验合格后贴标出厂。

3. 黄粉虫月饼

（1）加工原料：酥油 10％，糖 10％，食盐 0.3％，鸡蛋 10％，低筋粉 10％，发粉 1.5％，食品保鲜剂 0.2％，馅料 50％，8％的汉虾（黄粉虫）粉。

（2）工艺流程：熬制糖浆→和饼皮面→配馅料→包制→成型→第一次烘烤→第二次烘烤→冷却→包装。

（3）加工要点

①先将馅料拌匀然后顺一个方向拌和。拌透后再加入清水 60 克，继续拌至有黏性备用。

②将面粉、酥油、白糖拌和，加入沸水揉成水油面。

③把和好的面揪成大小相同的小面团，并擀成一个个面饼待用。

④把馅料捏成小圆饼，裹紧成馅团。将馅团包入擀好的面饼内，揉成面球。

⑤准备一个木制的月饼模具，放入少许干面粉，将包好馅的面团放入模具中，压紧、压平，然后再将其从模具中扣出。

⑥用鸡蛋调出蛋汁，比例为 3 个蛋黄 1 个全蛋，待用。

⑦把月饼放入烤盘内，用毛刷刷上一层调好的蛋汁再放入烤箱。烤箱的温度为 180℃，约烤 20 分钟，中间要取出一次，再刷一遍蛋汁。

（4）质量要求

外形花纹清晰，饱满，饼腰微凸，饼面不凹缩，没毛边、爆裂、漏馅等，皮馅松软，不离骨，表面油润光滑。

— 171 —

4. 黄粉虫饼干

饼干原料中，加入5%的汉虾粉，制成的饼干不仅具有高蛋白质虫粉的风味，且营养倍增。

（1）加工原料

特制粉50千克，淀粉16千克，植物油1.2千克，可可粉2千克，酱色1.5千克，小苏打500克，苏打水400克，碳酸氢氨300克，汉虾粉25千克，馅料（绵白糖54千克，植物油40千克，香兰素44克，抗氧化剂8.24克，柠檬酸8.24克）。

（2）工艺流程

原料配合→搅拌调浆→浇料→烘烤→夹心（夹心馅料混合均匀）→压片→整理→包装→成品。

（3）加工要点

1）面浆的调制：调制面浆是指把按配方规定的面粉、淀粉、疏松剂、油脂及水投入搅拌机中进行搅拌。经过充分混合，使其符合饼干生产的要求。在调制过程中应注意以下几点：

①投料顺序：水→小麦粉→淀粉→碳酸氢钠→碳酸氢氨→油脂→汉虾粉→色素→香料。

②面粉要求：生产饼干的小麦粉要求湿面筋含量较低，可通过适当添加淀粉的方法减少面筋量，加淀粉量一般为8%～18%。

③加水量：生产饼干单片时，加水量一定要合适，不宜过多或过少。过多会出现较大的流动性，烘烤成的单片

较薄，容易脆裂而成废品；加水量过少则面浆流动性差，不能充满烤模铁板，容易产生缺角，废料也会增多。

④面浆温度：在面浆调制过程中，面浆温度应维持在25℃以下，否则会导致发酵、变酸，面浆调制结束时面浆温度应在20℃左右，有条件的生产车间，最好采取制冷措施，防止夏季气温过高。

⑤调浆时间：调浆时间以7～9分钟为宜，要充分搅拌均匀，但时间又不宜过长，否则容易造成浆料"起筋"，使制品不松脆。

2）馅心调制：夹心料主要原料是糖、油、抗氧化剂、香味料等。香味料的选择根据生产品种不同而定。馅料中使用的糖应经过粉碎、过筛（100～120目），使用的油脂应为常温下固态油脂。油糖比一般为1∶1，但在生产中，为了减少用糖量，改善风味，可采用其他原料如膨化粉作填充剂，也可以加入花生酱、芝麻酱等，形成特有的风味。

①投料顺序：硬化油→抗氧化剂→柠檬酸→香味料→糖粉。

②馅料调制：时间一般为10～15分钟，按上述投料顺序及配方所要求的比例加入搅拌机内，充分搅拌，使糖、油和其他原料充分混合，同时通过搅拌充入大量空气，使得夹心浆料体积膨大、疏松，比重较轻，提高饼干的品质。

3）夹馅：饼干涂夹心馅时，片子与馅心的比例一般为片子占1/3，馅心占2/3，要求均匀，不"大肚皮"，不一边斜，在操作过程中要做到以下几点：

①单片和夹好的大片都要轻拿轻放，防止破碎。

②分等次以后单片再涂馅心料，以保持面、底色泽的均匀一致。

③缺角饼干应用刮刀裁齐后使用或适当进行填补，保持外观整齐平整。

④馅心应均匀地分布在单片上，厚薄均匀，便于包装操作。

4) 成型与烘烤：饼干的成型有手工、半机械化和连续化三种方式。饼干的烘烤温度一般不超过170℃。烘烤过程要保持炉温的稳定、均匀，保证产品质量的一致，减少因烘烤不匀而出现次品、废品。

5) 冷却、包装：饼干刚出炉时，表面温度在200℃左右，中心温度在100℃以上，此时饼干呈柔软状态，略受外力就会发生变形，因此必须经过冷却后才能进行包装。冷却的作用主要有两个，一是降温过程水分含量降低，分布也趋于一致，有利于饼干的保存；二是通过冷却使饼干形状固定下来，防止包装、运输、销售过程中变形。饼干冷却后应立即进行包装。

（4）质量要求

色泽：色泽均匀，具有该品种应有的色泽。形态：外形完整，边缘整齐，花纹图案清晰，夹心厚薄均匀，线条清晰。组织：细孔均匀，层次清晰。口味：口感酥脆，入口易化，具有该品种应有的风味，无异味。杂质：无黑点，无油污，无杂质。水分：$\leq 2.0\%$；总糖（以蔗糖计）：$\geq 35.0\%$；粗脂肪：$\geq 20.0\%$。

5. 黄粉虫锅巴

以普通方法加工锅巴，在拌米、面时加入6‰汉虾粉，加过汉虾粉的锅巴有一种特殊的鲜虾风味。

（1）加工原料

大米10千克，植物油30千克，淀粉5千克，汉虾粉6千克，调味料适量。

（2）工艺流程

大米→精选→淘洗→浸泡→蒸煮→晾晒→拌淀粉、汉虾粉→压片→切片→油炸→调味→冷却→检验→包装→成品。

（3）加工要点

①料处理：大米精选后淘洗干净，然后放到温度为10～30℃的清水中浸泡18～24小时。各种调味料要磨细和熟化。

②蒸煮：大米蒸煮后软硬适中，富有弹性。

③晾晒：蒸煮后的大米，须立即倒出平摊冷晾，使米粒表面的水分迅速蒸发，避免粘连结块。

④拌淀粉、汉虾粉：晾晒后的大米立刻掺入干淀粉、汉虾粉混拌。

⑤压片：一次压片是将拌好淀粉的大米放入压力辊间隙为0.3～0.5毫米的压片机中，压成厚度相同的薄片。二次压片将压力辊间隙调至1.5～1.8毫米，重叠反复压3～5次，制成厚度一致的大片。然后按要求切成一定形状的小块，过筛。

⑥油炸：将筛去多余份料和残渣的坯料装笼摊匀，入油锅油炸，油温 140～150℃，时间 7～8 分钟。

⑦调味：炸片刚刚出锅沥油，迅速将调制好的干粉料直接喷洒到炽热状态下的炸片上即可。

⑧包装：经彻底冷却后即可包装。

6. 汉虾酱的加工

（1）活虫预检：加工原料一般选取健康成虫，爬动灵活无病害。加工前 3 小时内将黄粉虫单独选出置于洁净容器内喂食，使其排净身体内的废物。

（2）清洗去杂：取干净水盆，盆中配置 2％淡盐水，把黄粉虫置于淡盐水中清洗。清洗时间在 10 分钟左右，清洗到虫体表面光洁为止。

（3）将烘干的黄粉虫用胶体磨加工成酱状，调配适量食用油、花生粉或芝麻粉等，调味后制成系列酱类产品。

7. 黄粉虫饮料

制作黄粉虫冲剂饮料，将排杂后的鲜虫经过研磨、过滤、均质和调配等工艺，再经干燥喷粉等工艺制成细粉状冲剂，其蛋白质含量在 30％以上，维生素和微量元素含量十分丰富，饮料属果仁香型，是一种适合少年儿童和运动员饮用的饮料。

8. 黄粉虫酱油

选用新鲜黄粉虫幼虫或蛹，经过严格清理去杂，加水磨浆，然后加酶使蛋白质酶解成氨基酸，再经灭菌、过滤、调味、调色等工序制成。黄粉虫酱油营养丰富，味道鲜美，富含氨基酸及钙、磷、铁、镁、锌等多种微量元素和维生素。此酱油既是优良的调味品，又具有营养保健功能。

9. 黄粉虫补酒

选用老熟的黄粉虫幼虫或蛹，经清理去杂后，固化、烘干脱水，配以枸杞、红枣放入白酒中，浸泡 $1\sim2$ 个月即成。这种补酒颜色纯红，口味甘醇，具有安神、养心、健脾、通络活血等功效。

10. 黄粉虫油脂

黄粉虫除含丰富的蛋白质外，还含有 8.6％ 的脂肪，含量在常见的动物性食品中除了比猪肉、鸡蛋低外，比其他动物性食品都高，是一种优良的油脂来源。通过对黄粉虫油脂精炼工艺进行研究，黄粉虫经溶剂提取得到黄粉虫毛油，进一步加工得到高级烹调黄粉虫油，油中不饱和脂肪酸和饱和脂肪酸在动物性脂肪中较高，还含有多种维生素和微量元素，胆固醇含量低，是一种高级烹调动物性食用油。

11. 黄粉虫不饱和脂肪酸及酶

黄粉虫含有丰富的不饱和脂肪酸，经提纯可做医用或化妆品脂肪，而该产品具有提高皮肤的抗皱功能，对皮肤病也有治疗作用，因此可开发成化妆品和药品。从黄粉虫中提取 SOD（超氧化物歧化酶）精品，不仅质量好，而且成本低，原料丰富，适于化妆品及保健产业。

12. 提取黄粉虫水解蛋白和氨基酸

将老熟的黄粉虫幼虫或蛹，经清理去杂、脱脂、脱色等处理。黄粉虫蛋白质中氨基酸组成合理，可制取水解蛋白和氨基酸，两者虽然水解度不同，但都具有良好的水溶性。可用于加工保健食品、食品强化剂，也可用于治疗氨基酸缺乏症的药品。一般可再提取蛋白后进行水解，水解的方法可采用酸法、碱法或酶法。据报道，采用酶解法制取复合氨基酸粉的含量最高。水解得到的复合氨基酸产品，经烘干制成粉状成品。如要制成单一品种的氨基酸，可将复合氨基酸液进一步纯化分离，制成某种氨基酸口服液或胶囊。

五、黄粉虫虫粪的利用

黄粉虫粪便极为干燥，几乎不含水分，没有任何异味，是世界上惟一的像细沙一样的粪便，所以又称为沙粪（也叫粪沙），便于运输。营养成分较高，是一种非常有效的生物有机肥及肥料促进剂，可直接作为肥料施用。施用后不仅能增肥地力，增加农作物产量，提高农产品品质，还能降低农业生产成本，改善土壤结构，改善农业生态环境，促进种植业的可持续发展，也可以作为饲料应用于畜牧业和水产业。其有效成分见表9-1、表9-2。

表 9-1　黄粉虫粪沙的有效成分

类别	粗蛋白质（%）	水分（%）	粗灰分（%）	总磷（%）
含量	24.86	12.10	8.41	1.22

表 9-2　黄粉虫粪沙微量元素含量

常量元素（%）					微量元素（毫克/千克）				
氮	磷	钾	镁	钙	锌	硼	锰	铁	铜
3.37	1.04	1.41	0.31	1.17	322	14.6	109	460	27.2

　　黄粉虫虫粪沙的综合肥力是任何化肥和农家肥不可比拟的。虫粪沙是有自然气孔率很高的微小团粒结构，而且表面涂有黄粉虫消化道分泌液形成的微膜，对于土壤的氧含量具有直接的关系。因此，黄粉虫虫粪沙对土壤具有微生态平衡作用和良好的保水作用。施用后不仅能增肥地力，增加农作物产量，提高农产品品质，还能降低农业生产成本，改善土壤结构，改善农业生态环境，促进种植业的可持续发展。目前，市场上真正的高效生物有机肥产品供应量不大，而且存在不稳定的问题，不能满足高效农业生产的需求，因此，以虫粪为主要原料生产的高效生物有机肥，可以直接用作植物肥料，其肥力稳定、持久、长效，施用后可以提高土壤活性，也可以将虫粪沙与农家肥、化肥混用，对其他肥料具有改善性能及促进肥效的作用。

　　黄粉虫粪沙因含有较高的粗蛋白，能直接作为猪、鱼、鸭等的饲料。其营养价值在于其营养成分及生物活性物质较为全面。如用于喂猪时，在猪的主粮中掺入 20%～30%

的粪沙，猪不仅爱吃，而且生长快，疾病少，毛色光亮、润滑，猪肉质量好。将粪沙用作特种水产动物的饲料添加剂与诱食剂，有提高生长速度与繁殖率的作用。把粪沙撒入鱼池，还能缓解池水发臭，有效地控制鱼类疾病的发生。

将黄粉虫粪沙与氮、磷、钾、钙、铁等矿物元素及肥料激活剂按比例融合，能加工成蔬菜专用肥。

由于黄粉虫虫粪沙无任何异臭味道和酸化腐败物产生，也就无蝇、蚊接近，因此，是城市养花居室花卉的肥中上品。

六、黄粉虫功能性油脂的开发

昆虫是地球上种类最多、生物量巨大、食物转换率高、繁殖速度快的生物种群，自古以来就是人类食品、医药的一种重要资源。近十多年来，利用昆虫生产功能性食品、医药品已经形成了局部的巨大生产力。随着现代科学技术的进步，特别是生命科学与环境科学的创新性进展，昆虫学家们一改长期以来单纯防治的学科方向，愈来愈重视对昆虫体及其产物中功能性成分的研究。多年来的众多研究表明，昆虫脂质无论是在量上还是在质上都有其供研究和利用的特点。人们现已认识到，加强昆虫利用的研究与开发已成为当务之急。

开发昆虫脂质不仅限于其药理活性成分，更重要的是昆虫脂肪含量丰富，而且有众多的种类、快而强的繁殖速度、合理的脂肪酸组成为基础。黄粉虫除含丰富的蛋白质外，还含有 8.6% 的脂肪，含量在常见的动物性食品中除了比猪肉、鸡蛋低外，比其他动物性食品都高，是一种优良的油脂来源。黄粉虫的工厂化生产技术成功，为大规模生产黄粉虫功能性油脂奠定了基础。

制取工艺：将黄粉虫用水清洗，在真空度 0.01MPa 以下，干燥至黄粉虫中水含量 15% 以下，粉碎，加入有机溶剂，浸提，分离固液两相，液相在蒸发回收溶剂，得到黄粉虫毛油，毛油在初温 45℃，碱液浓度 22Be，硅酸钠加量 0.25%；热水加量 4%（占毛油中磷脂量），二次水化时间分别为 1 小时、1.5 小时，干燥时间 1 小时，真空度 0.01MPa；二次脱色，活性脱色白土（Ⅱ号）加量第一次 4%，脱色时间 30 分钟，脱色温度 90℃，第二次加量 3%，脱色时间 20 分钟，温度 85℃，真空度 0.01MPa；真空水蒸气蒸馏脱臭，真空度 0.08MPa，温度 180℃，脱臭时间 3 小时的条件下经过精炼得到高级烹调黄粉虫油。在常温下为液态，油中还含有多种维生素和微量元素，胆固醇含量低，是一种优良的动物性食用油。

七、黄粉虫甲壳素（壳聚糖）的制取

众所周知，人体生命有着五大要素，即蛋白质、脂肪、糖、维生素和微量元素。而近年来，中外科学家在研究过程中，逐渐认识到甲壳素（甲壳多糖）对人体有着重要作用。因此，越来越多的专家开始称甲壳素是人体生命第六要素。法国科学家布拉克诺发现，它广泛存在于多种昆虫和虾、蟹的外壳等甲壳类动物中以及藻类的细胞壁中。专家们研究表明，甲壳质对人体各种生理代谢具有广泛调节作用，如免疫调节和内分泌调节。在疾病应用及辅助治疗方面起到积极作用的，如甲亢及突眼、更年期综合征、月经期综合征及各种妇科疾病、肿瘤患者的治疗及减轻放疗、化疗过程中的不良反应，并能抑制肿瘤细胞生长及转移。同时对各种肝炎、肾炎及免疫、内分泌失调疾病也有很好辅助治疗效果。用甲壳素可制作手术缝合线，柔软，机械强度高，且易被机体吸收，免于拆线。有专家称，甲壳素的化学结构特殊，它对人体具有调节免疫、活化细胞、抑制老化、预防疾病、促进痊愈、调节人体生理功能六大功能。医学专家称，甲壳质是 21 世纪人类不可缺少的保健食品。

甲壳素是一种含氮多糖的高分子聚合物，是许多低等动物，特别是节肢动物（如昆虫、虾、蟹等）外壳的重要成分，也存在于低等植物（如真菌、藻类）的细胞中。甲壳素若脱去分子中的乙酰基，就转变为壳聚糖，因其溶解性大为改善，常称之为可溶性甲壳素。自然界每年合成的甲壳素估计有数十亿吨之多，是一种十分丰富的仅次于纤维素的自然资源。成品甲壳素是白色或灰白色，半透明片状固体，不溶于水、稀酸、稀碱和有机溶剂，可溶于浓无机酸，但同时主链发生降解。壳聚糖是白色或灰色，略有珍珠光泽，半透明片状固体，不溶于水和碱溶液，可溶于大多数稀酸，如盐酸、醋酸、苯甲酸、环烷酸等生成盐。由于甲壳素来源丰富，制备较易以及其氨基多糖的特性，它比纤维素有更广泛的用途。

在纺织印染行业中，壳聚糖用来处理棉毛织物，改善其耐折皱性；造纸中，壳聚糖作为纸张的施胶剂或增强助剂，可提高印刷质量，改善机械性能，提高耐水性和电绝缘性能；在食品工业中，壳聚糖作为无毒性的絮凝剂，处理加工废水，还可作为保健食品的添加剂、增稠剂、食品包装薄膜等。此外，壳聚糖还可用来提取微量金属，作固定化酶的载体，制作膜，做固发、染发香波的添加物以及果蔬的保鲜剂等。甲壳素是 21 世纪的新材料，它对人类社会的发展与进步有着巨大的作用。

黄粉虫工厂化规模生产技术的成功，必将为进一步深加工提供足量优质、低廉的生产原料，为从昆虫源甲壳质的生产奠定坚实的基础，打破传统来源途径只有虾、蟹等海洋节肢动物的局面。

应用黄粉虫蛹壳提取甲壳素的方法有多种报道，现将提取方法转述如下：

（1）生产设备

主要设备为陶瓷缸、反应锅、搪瓷桶等。所需工业试剂有氢氧化钠（工业级）、盐酸（工业级）、高锰酸钾（化学纯）和亚硫酸钠（化学纯）。

（2）提取工艺

①清洗原料：将收集的蛹壳用清水洗干净，除去蛹壳

上的杂质。

②脱洗钙质：将洗净的蛹壳置于陶瓷缸内，加入为其重量 2～3 倍，浓度为 2％～3％的盐酸，浸泡 5 小时后，滤除盐酸。加入其重量 2～3 倍，浓度为 5％～6％的盐酸，浸泡过夜。次日滤除盐酸溶液，用清水洗净，即得色泽洁白的蛆壳，捞起、沥干。

③浸碱处理：脱钙后的蛹壳，加入为其重量 1～2 倍，浓度为 10％的氢氧化钠溶液，浸泡 3～4 小时，以除去蛹壳的杂质、蛋白质及部分色素。然后滤除碱液，收集蛹壳，用清水冲洗干净。

④漂白：在漂白缸中加入适量的高锰酸钾和亚硫酸钠溶液，并加入蛹壳重量 1～2 倍的清水，浸泡 2～3 小时，以除去蛹壳色素，得到洁白的蛹壳，然后过滤，冲洗干净。

⑤脱乙酰基：将漂白后的蛹壳移入反应锅中，加入其重量 1～2 倍，浓度为 40％的氢氧化钠溶液。加热 100～180℃，不断搅动，促使反应完全。待蛹壳全部水解后，滤除碱液，晾干蛹壳，用清水冲洗 pH 呈中性。

⑥干燥：将晾干的蛹壳置于石灰缸或干燥器中干燥，即得脱乙酰甲壳素成品。

（3）注意事项

采用 40％的浓碱（氢氧化钠溶液）去除乙酸基时，温度必须控制在 100～180℃，否则会影响脱乙酰基的效果。在进行脱钙和首次浸碱处理蛹壳之后，要用大量清水反复冲洗，以彻底去除各种杂质。

附录一
黄粉虫工厂化
生产技术操作规程

黄粉虫，俗称面包虫、汉虾，因其营养成分高居于各类活体动物蛋白饲料之首，被誉为"蛋白质饲料"宝库，是繁殖名贵珍禽、水产的肉食饲料之一。目前各地都在大力发展黄粉虫养殖业与利用，促进了林蛙、蛤蚧、鳖、鳝鱼等特种经济动物饲养业的发展。

随着世界鱼粉产量的降低和动物肉骨粉污染或携带病原的可能性，为了满足迅速发展的畜牧业需求，寻求、开掘新的蛋白质来源具有非常重要的意义。

一、黄粉虫工厂化生产技术

1. 良种

在任何养殖业中，品种对生产的效应都是巨大的。在饲养生产的初始阶段，应直接选择专业化培育的优质品种。山东农业大学昆虫研究所现已培育出 GH-1、GH-2、HH-1 几个品种，分别适宜于不同地区及饲料主料，可选择推广应用。

2. 饲料

（1）麦麸：传统饲养所用饲料以小麦麸皮为主，以各种新鲜蔬菜叶或土豆片作为水分来源的补充材料。

（2）农作物秸秆糠粉生物饲料：工厂化规模生产黄粉虫，可以利用各种农作物秸秆糠粉、树叶、杂草等，经过酵化处理，制作成生物饲料进行饲喂。还可以利用果渣、饼粕（渣）（如花生粕、椰仁粕、棕榈仁粕、羽扇豆粉、豌豆粉等）资源作为黄粉虫的饲料。

（3）植物秸秆的人工发酵：要求一定的温度、湿度，以及某些微生物酶类所需特定的 pH，而且还需要某些化学元素，如锰、磷、铁等作为激活剂，此外微量元素的加入有利于昆虫体内对营养的平衡、转化，促进外骨骼的生长和发育。

①农作物秸秆原料：包括稻草、麦秸、木薯秆叶、剑麻渣、树叶、藤蔓、各种豆秆、甘蔗渣、花生壳、高粱壳、玉米秆、玉米芯、红薯藤、杂草等，要求其干燥、无污染、无霉变。

②草秸秆饲料制作剂：主要成分为钙、钠、碘等无机盐，复合纤维素酶、生长促进剂（非激素）、微量元素及载体。

③草木灰：农作物秸秆过燃烧后的残余物。

④食盐：无色、透明的立方形结晶或白色结晶性粉末，无色、味咸的食用盐。

⑤水：一般饮用水、地下水、井水及池塘水均可，要求无污染。

⑥配方（以重量比千克计）

原料名称	用量比
秸秆糠粉	1.0
转化剂	0.004
草木灰	0.0004
水	2.5
食盐	适量（0.005）

⑦生产工艺流程：农作物秸秆粉碎→配料→搅拌→压实发酵→烘干（晾干）→包装→入库。

⑧操作过程

Ⅰ.农作物秸秆粉碎：将农作物的秸秆进行暴晒，使其充分干燥变脆，然后利用锤式粉碎机进行粉碎，其细度要求在 0.5～20 毫米，若过长，则要调整滤网的细度，或更换锤片，以保证秸秆粉的感官及发酵的充分。

Ⅱ.配料：先将带木灰和转化剂按比例在水中充分搅拌，然后再将秸秆粉加入，并搅拌混合均匀。

Ⅲ.压实发酵：将上述配料在容器内充分压实，无明显松浮感为宜，同时密封，可使用加盖塑料薄膜或加土等方式封装，一定要严实，以保证发酵的温度和湿度环境，生产出优质饲料，否则会影响质量，该过程是整个技术的核心和关键。

Ⅳ.烘干（或晾干）：密封后的料一般在 25℃（定温）以上需要 10 天左右，15℃ 以上时需要 15 天左右，具体温度，具体对待；温度高，发酵时间缩短，温度低，发酵时间相应延长，其感官指标为金黄色，质地柔软，并略带水果香味，潮湿但挤不出水滴。

Ⅴ.包装：采用塑料编织带包装（若用湿料应使用带内衬的塑料编织带）。

Ⅵ.贮存使用。

3. 环境条件

黄粉虫对温度的适应范围很宽，但最佳生长发育和繁殖温度为 25～32℃，致死高温为 36℃。黄粉虫相对湿度的适应范围比较宽，最适合的相对湿度成虫、卵为 55%～75%，幼虫、蛹为 65%～75%。黄粉虫具趋光性，怕光而趋暗。

4. 饲养器具

（1）标准饲养盘：工厂化规模生产必须要求饲养器具规格一致，以便于确定工艺流程技术参数。山东农业大学昆虫研究所采用的标准饲养盘规格为 62 厘米×23.6 厘米×3.8 厘米，内径 578 厘米×21.8 厘米×2.9 厘米。

（2）饲养架：采用活动式多层饲养架。饲养架可由角钢或木架组装而成。

（3）分离筛：分离筛分为 2 类，一类用于分离各龄幼虫和粪便，由 20 目、40 目、60 目铁丝网及尼龙丝做底制作而成；一类用于老熟幼虫和初化的蛹，四周用 10 厘米厚的木板制成，由 3～4 厘米孔径的筛网做底制作而成。

（4）产卵盘：产卵盘由产卵隔离筛和标准饲养盘 2 部分组成，产卵隔离筛由 40～60 目筛网制作而成，四周比标准饲养盘缩小 0.5～1.0 厘米，在使用过程中，在产卵隔离网筛和标准饲养盘底部之间放置一层卵卡纸，用于制作标准卵卡。

（5）孵化箱和羽化箱：箱内由多排层隔板组成，上下两层之间距离以标准饲养盘高度的 1.5 倍为宜，两层之间外侧的横向板相差 10 厘米。左右两排各排放 5 个标准饲养盘，中间由一根立锥支柱间隔，底层留出 2 个层间距以便置水保湿。

（6）其他：温度计和湿度计、旧报纸或白纸（成虫产卵时制作卵卡）、塑料盆（不同规格，放置饲料用）、喷雾器或洒水壶（用于调节饲养房内温度）、镊子、放大镜等。

5. 防疫

（1）软腐病及防治：发现软虫体要及时清除，以免发霉变质导致流行病发生。停放青料，清理残食，调节室内温度，将 0.25 克氯霉素或金霉素与麦麸 250 克混合均匀投喂。

（2）干枯病及其防治：在空气干燥季节，及时投喂青料，在地面洒水，设水盆降温。

（3）螨害及防治：调节室内空气湿度，夏季保持室内空气流通，防止食物带螨，饲料要密封储存，料糠、麦麸最好消毒，晾干后再饲喂。

（4）其他：还应防米象、米蛾、蚂蚁、苍蝇、蟑螂、老鼠、壁虎等。

6. 饲养密度

（1）每盘置卵量 15000 粒×4 张，覆盖饵料。

（2）每盘低龄幼虫量（1～3 龄）60000 头，日投饵量，原有饵料。

（3）每盘中龄幼虫量（3～5 龄）10000 头，日投料量150 克，周投量 1000 克。

（4）每盘高龄幼虫量（5～8 龄）5000 头，日投料量100 克，周投量 750 克。

（5）每盘蛹量 4000 头，每盘置成虫量 4000 头，日投料量150 克，周投量 1000 克，经常投喂新鲜菜叶以提高产卵量。

二、加工利用

1. 产品加工利用

黄粉虫经过排杂、清洗、固化、灭菌、脱水、炒拌、烘烤、研磨、配料等步骤可加工成汉虾粉、面条、煎饼、饼干等系列产品。

2. 蛋白质提取

采用碱提取酸沉淀的方法，虫体蛋白的提取分离过程包括蛋白质的溶出、不溶物的去除、蛋白质从溶液中回收、纯化和干燥 4 个基本步骤。

3. 脂肪提取分离

采用有机溶剂（石油醚）萃取法，得到粗虫油，进一步纯化得到精制虫油。

4. 氨基酸分解

采用胰蛋白酶水解黄粉虫蛋白，适宜的反应条件为黄粉虫与水的重量比为 30∶105，酶作用量为黄粉虫重量的 0.5%，控制反应温度为 50℃，酶解时间为 5 小时，pH 为 8.0。最后用发酵法脱除异味，制得一种氨基酸含量丰富的水解液。

三、活体利用

①作为科学实验材料。
②喂养特种经济动物。
③促进大农作循环经济生产。

四、虫类沙利用

①用作饲料。
②制作人工土壤。

附录二
黄粉虫食品
企业标准

黄粉虫食品上市前也与其他产品一样，必须有产品标准。新产品要搞企业标准，并要在当地技术监督部门登记注册。现将陕西省技术监督局制订的汉虾（黄粉虫）食品企业标准介绍如下，供参考。

1. 汉虾粉卫生标准

汉虾粉是指以黄粉虫为原料，经活体排除杂物、分泌物等，并经高温消毒、

脱水、加工后制成的粉状汉虾干制品。成品汉虾粉占 93％
以上，其余为食盐、花椒、生姜等调味品。

2. 引用标准

GB 4789—84 菌落总数测定法

GB 4789—84 大肠杆菌测定法

GB 4789—84 致病菌测定法

GB 5009—85 铅（Pb）测定方法

GB 5009—85 砷（As）测定方法

GB 12399—90 硒（Se）测定方法

GB 12388—90 维生素 E 的测定方法

GB 2828 水平Ⅱ检验抽样方法

GB 7718—87 食品标签通用标准

3. 感官指标

（1）粉状，呈黄褐色，具昆虫蛋白质特有风味，无其
他异味。

（2）包装：玻璃瓶包装，封口严密，印刷标志整齐，
重量 10 克、50 克和 500 克装，内容物误差幅度每百克
±4克。

（3）无杂质，无霉变，不含添加剂。

4. 理化指标

附表 1　主要成分及理化指标

项　　目	指　　标
水分（%）	≤10
蛋白质含量（%）	≥40
维生素 E（微克/克）	≥350
砷以 As 计（毫克/克）	≤0.5
铅以 Pb 计（毫克/克）	≤0.5

附表 2　细菌指标

项　　目	指　　标
菌落总个数（个/克）	≤30000
大肠菌群（个/100 克）	≤40
治病菌（系指肠道致病菌及致病性球菌）不得检出	

5. 检测方法

（1）色泽、形态、味、包装，采取感官检查，重量以架盘天平称量。

（2）卫生检验

菌落总测定法，按 GB 4789—84 规定方法执行。

大肠杆菌测定方法，按 GB 4789—84 规定方法执行。

致病菌测定方法，按 GB 4789—84 规定方法执行。

（3）铅（Pb）的测定方法，按 GB 5009—85 方法

执行。

（4）硒（Se）的测定方法，按 GB 12399—90 方法执行。

（5）维生素 E 的测定方法，按 GB 12388—90 方法执行。

（6）产品原料应是严格经过汉虾Ⅲ号工艺排杂、排毒的黄粉虫幼虫或成虫。

6. 验收规则

（1）汉虾粉经厂检验部门按本标准检验合格后方可出厂。

（2）检验抽样方法，按 GB 2828 水平Ⅱ抽样。

（3）理化指标及卫生指标有一项不合格，判全批不合格。

（4）供需双方对质量问题发生异议，由法定质量监督检验部门重新抽样做仲裁检验。

7. 产品包装、标志、运输和贮存

（1）产品包装标志应符合 GB 7718—87《食品签通用标准》。大包装上应有"防潮、防压、轻放"等字样或标志，并注明厂名、厂址、电话、产品标准和产品卫生批号。

（2）本产品的小包装按重量包装严密封口，重量误差±4%，大包装用纸箱包装，大包装内放合格证并上封条。

（3）运输时要轻装轻卸，注意防潮，避免重压、暴晒。

运输工具要清洁卫生，不允许与影响食品卫生的物品混装。

　　（4）产品应存放在阴凉干燥、通风清洁、具有防鼠防蝇条件的库房内，不得与有异味的物品混放。在上述保管条件下，存放 12 个月。

参 考 文 献

1. 黄正团，等．黄粉虫高效养殖技术一本通．北京：化学工业出版社，2008

2. 刘玉升．黄粉虫生产与综合应用技术．北京：中国农业出版社，2006

3. 马仁华，曾秀云．黄粉虫养殖与开发利用．北京：中国农业出版社，2007

4. 陈彤，等．黄粉虫养殖与利用．北京：金盾出版社，2000

5. 中国预防医学科学院营养与食品卫生研究所编著．食物成分表．北京：人民卫生出版社，1995

6. 胡萃，主编．资源昆虫及其利用．北京：中国农业出版社，1996

7. 孙得发，刘玉升．饲料用虫养殖新技术．西安：西北农林科技大学出版社，2005

8. 原国辉，郑红军．黄粉虫、蝇蛆养殖技术．郑州：河南科学技术出版社，2003

9. 曾宪顺，等．饲料用小动物的养殖与利用技术．武汉：湖北科学技术出版社，2002

向您推荐